●学术顾问　陈汗青　潘长学
●丛书主编　罗高生
●丛书副主编　王　娜　姚　湘

·D5ESIIGN·

全国高等院校设计类"十三五"规划教材

空间环境设计原理

Kongjian Huanjing Sheji Yuanli

彭　朋　孙　芬　王　静　主编

韩　军　孙文慧　副主编

华中科技大学出版社
http://www.hustp.com
中国·武汉

图书在版编目(CIP)数据

空间环境设计原理/彭朋,孙芬,王静主编. — 武汉:华中科技大学出版社,2019.7
(2023.7重印)
ISBN 978-7-5680-3528-6

Ⅰ.①空… Ⅱ.①彭… ②孙… ③王… Ⅲ.①建筑设计-环境设计 Ⅳ.①TU-856

中国版本图书馆 CIP 数据核字(2018)第 214282 号

空间环境设计原理
Kongjian Huanjing Sheji Yuanli
彭 朋 孙 芬 王 静 主编

策划编辑:张 毅 江 畅
责任编辑:刘 静
封面设计:原色设计
责任监印:朱 玢
出版发行:华中科技大学出版社 (中国·武汉)   电话:(027) 81321913
        武汉市东湖新技术开发区华工科技园   邮编:430223
录   排:武汉正风天下文化发展有限公司
印   刷:湖北新华印务有限公司
开   本:880 mm×1230 mm   1/16
印   张:11.5
字   数:300 千字
版   次:2023 年 7 月第 1 版第 2 次印刷
定   价:65.00 元

编 委 会

学术顾问：陈汗青　潘长学
丛书主编：罗高生
丛书副主编：王　娜　姚　湘

编委（按姓名拼音排序）：

邓卫斌　湖北工业大学工业设计学院副院长
耿慧勇　哈尔滨理工大学艺术学院动画系主任
何风梅　东莞职业技术学院艺术设计系主任
贺锋林　广州大学松田学院艺术与传媒系主任
胡晓阳　浙江传媒学院设计艺术学院院长
黄海波　常州大学艺术学院副院长
李超英　广东南方职业学院信息技术系应用艺术教研室主任
李向阳　广东农工商职业技术学院艺术系主任
陆序彦　湖南人文科技学院美术与设计学院副院长
毛春义　武汉设计工程学院副院长
欧阳慧　武汉设计工程学院视觉传达设计系主任
蒲　军　武汉设计工程学院环境设计学院副院长
施俊天　浙江师范大学美术学院副院长
汪　清　四川师范大学影视与传媒学院副院长
王　中　湖北汽车工业学院工业设计系主任
王华斌　华南理工大学设计学院工业设计系主任
王立俊　湖北经济学院法商学院副院长
王佩之　湖南农业大学体育艺术学院产品设计系主任
吴　昊　安徽商贸职业技术学院艺术设计系主任
熊青珍　广东财经大学艺术与设计学院产品设计系主任
熊应军　广东财经大学华商学院艺术设计系主任
徐　军　常州艺术高等职业学校艺术设计系主任
徐　茵　常州工学院艺术与设计学院副院长
许元森　大连海洋大学艺术与传媒学院副院长
鄢　莉　广东技术师范学院工业设计系主任
杨汝全　仲恺农业工程学院何香凝艺术设计学院产品设计系主任
姚金贵　华东交通大学理工学院美术学院院长
叶德辉　桂林电子科技大学艺术与设计学院副院长
郁舒兰　南京林业大学家居与工业设计学院副院长
周　剑　新余学院艺术学院副院长

PREFACE

序言

当前，在产业结构深度调整、服务型经济迅速壮大的背景下，社会对设计人才素质和结构的需求发生了一系列变化，并对设计人才的培养模式提出了新的挑战。向应用型、职业型教育转型，是顺应经济发展方式转变的趋势之一。《现代职业教育休系建设规划（2014—2020年）》和《国务院关于加快发展现代职业教育的决定》强调要推动一批普通本科高校向应用技术型高校转型。教材是课堂教学之本，是师生互动的主要依据，是展开教学活动的基础，也是保障和提高教学质量的必要条件。《国家中长期教育改革和发展规划纲要（2010—2020年）》明确要求"加强头验室、校内外实习基地、课程教材等基本建设"。教材在提高设计类专业人才培养质量中起着重要的作用。无论是专业结构、人才培养模式，还是课程转型、教学方法改革，都离不开教材这个载体。

应用型本科院校的设计类专业教材建设相对滞后，不能满足地方社会经济发展和行业对高素质设计人才的需求。对于如何开发、建设设计类专业的应用型教材，我们进行了一些探索。传统的教材建设与应用型、复合型设计人才培养的需求有很大出入，最主要的表现集中在以下两个方面。一是教材的知识更新慢，不能体现设计领域的时代特征，造成理论和实践脱节。应用型本科院校的设计专业设置，大都对接地方社会经济产业链，也可以说属于应用型设计类专业。培养学生的动手能力、实践能力、应用能力理应是教学的重要目标，反映在教材中，不可或缺的是大篇幅的实践教学环节，但是传统教材恰恰重理论、轻实践。传统的教材编写模式脱离了应用型本科院校学生对教材的真实需求，不能适应校企合作的人才培养模式。二是含有设计类专业实践环节的教材数量少、质量差。在专业性较强的领域，或者是伴随着社会经济发展而兴起的新办课程，教材种类少，质量差，缺少配套教学资源，有的甚至在教材方面还是空白的，极大地阻碍了应用型设计人才培养质量的提高。

该系列教材基于应用型本科院校培养目标要求来建立新的理论教学体系和实践教学体系以及学生所应具备的相关能力培养体系，构建能力训练模块，加强学生的基本实践能力与操作技能、专业技术应用能力与专业技能、综合实践能力与综合技能的培

养。该系列教材坚持了实效性、实用性、实时性和实情性特点，有意简化烦琐的理论知识，采用实践课题的形式将专业知识融入一个个实践课题中。课题安排由浅入深，从简单到综合；训练内容尽力契合我国设计类学生的实际情况，注重实际运用，避免空洞的理论介绍；书中安排了大量的案例分析，利于学生吸收并转化成设计能力；从课题设置、案例分析到参考案例，做到分类整合、相互促进；既注重原创性，也注重系统性。该系列教材强调学生在实践中学，教师在实践中教，师生在实践与交互中教学相长，高校与企业在市场中协同发展。该系列教材更强调教师的责任感，使学生增强学习的兴趣与就业、创业的能动性，激发学生不断进取的欲望，为设计教学提供了一个开放与发展的教学载体。笔者仅以上述文字与本系列教材的作者、读者商榷与共勉。

全国艺术专业学位研究生教育指导委员会委员
全国工程硕士专业学位教指委工业设计协作组副组长
上海视觉艺术学院副院长 / 二级教授 / 博士生导师

2017 年 4 月

PREFACE

空间环境既包括室内空间，也包括室外空间，因此本书分为两个篇幅，即"室内篇"和"景观篇"。"室内篇"由"室内环境设计的基本理论""室内空间的组织和界面处理""室内空间中的行为心理""室内色彩和照明设计""室内装饰材料的运用""室内家具与陈设设计""室内空间整体气氛营造"七个章节组成。"景观篇"由"景观设计的基本理论""景观空间构成和景观空间限定方式""景观空间的分类""景观空间的设计手法""形式美法则在景观空间中的运用""景观空间中的行为心理""景观空间整体氛围营造"七个章节组成。

空间设计反映和启迪着人类的智慧和价值。空间设计的美值得提倡、欣赏和发展。无论是室内空间设计还是室外空间设计，都以满足人类的需求为最终目的。在今时今日，尤其注重人与环境的和谐、永续发展。作为一名环境设计师，不仅要有较全面的专业知识和不断进取的学习态度，熟练掌握技能、技巧，还要具有设计的伦理道德观念，以便更好地进行设计，使人与自然和谐、永续地发展。

本书中的示例图片是新鲜而丰富的，与相应的内容紧密结合，有益于提高读者的设计水平和审美能力。本书在内容安排上并没有刻意追求面面俱到，而是突出重点，有详有略。

本书由彭朋、孙芬和王静担任主编，由韩军担任副主编。具体编写分工如下。第1、2、8、9章由彭朋编写，第4、6、11、14章由孙芬编写，第5、10、12章由王静编写，第3、7、13章由韩军编写。

在编写过程中，编者参考了近年来多本书中的理论及各大室内空间和景观设计前沿公众号中的图片资料，文中并未一一标示出处，在此向各位作者致以最诚挚的感谢。

由于编者水平有限，本书中难免有疏漏和失误之处，希望能得到广大读者的批评和指正，谢谢！

编　者
2019 年 2 月

CONTENTS

目录

上 篇

室 内 篇

第1章

室内环境设计的基本理论

一、教学基本内容

本章介绍了关于室内环境设计的基本理论，包括定义和特征、内容和范畴、目的和原则、依据和要求、方法和程序，对学生认知室内环境设计起到一个初步的引领作用。

二、教学目标

通过对本章的学习，学生应建立室内环境设计的基本概念，为认识专业和以后进行深入的理论学习打下基础。

三、教学重难点

室内环境设计的内容、原则、方法和程序，都是本章的重点。其中，原则和方法是难点，教学中应多结合具体做法和实际案例，使学生更好地吸收知识。

1.1
室内环境设计的定义和特征

人们基本上或者说主要是生活在建筑及其相关室内空间环境中。例如，生活有居住空间环境，购物有商业空间环境，工作有办公与生产空间环境，休息有娱乐与疗养空间环境，行走有交通工具内部空间环境……这一系列的建筑及其相关室内空间环境，与室外空间环境一起，构成了人类的生活空间。

1.1.1 室内环境设计的定义

什么是室内环境设计呢？

从专业学科的角度来理解，室内环境设计是一门综合性的艺术设计学科，它需要考虑包括环境质量、空间艺术效果、科学技术水平和环境文化建设需要在内的多方面因素。室内环境设计的任务是对建筑进行内部空间的组合、分割及再创造，并运用造型、色彩、照明、陈设和绿化等要素，与设备、技术、材料和安全防护措施等手段，结合人体工程学、行为科学、环境科学和生态学等学科，对室内空间环境做综合性的功能布置及艺术处理，以创造出能够满足广大民众物质与精神两个方面需求的、具有艺术整合性的美好空间环境。（图 1-1 和图 1-2）

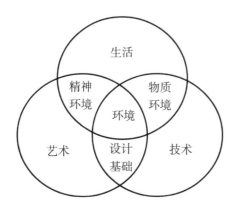

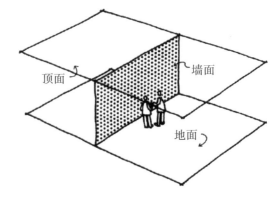

图1-1 设计是"以生活为目的"的艺术　　图1-2 室内环境设计的主要内容之一——组织室内空间和处理室内空间界面

室内环境设计的意义在于，它是一种通过空间塑造方式来提高生活境界和文明程度的智慧表现，是人类文化与生活的共同产物。它的最高理想在于，增强人类生活的幸福感，提高人类生命的价值。

我们把从建筑内部出发，能在整体上对家具、陈设饰品、绿化及视觉传达方面的内容进行统一设计的设计师称为室内设计师；把从建筑内部物理环境与结构方面进行设计的设计师称为室内工程设计师；把从建筑内部家具与用品方面进行设计的设计师称为室内家具设计师或产品设计师；把从建筑内部表面装饰和艺术陈设方面进行设计的设计师称为室内装饰设计师。这种划分方式有利于室内环境设计专业化细分的发展，并便于不同的设计师们在专业上认识自我，尽快提高专业设计方面的素质，为真正成为一名合格的室内环境设计师而努力。

1.1.2　室内环境设计的特征

室内环境设计的根本目的是，为人们创造一个舒适的工作与生活环境。它是隶属于建筑学和艺术设计学的交叉学科，具有很强的融合性。它既是创造空间的艺术，又是创建历史文脉的艺术，体现着技术与艺术乃至生存意境的内涵，改变着人们的生活方式，提高了人们的生活质量。

它涉及多个学科，如建筑学、风景园林学、美学、人机工程学、心理学、生态学、材料学、物理学、色彩学、营造学、哲学、历史学和设计学等，是一门多学科融合交叉、互制互动的艺术。多学科因素的相互渗透，为室内环境设计铺垫出强大的支持平台。

随着时代的发展，在现阶段，室内环境设计呈现出以下两个新的特征。

第一，现代室内环境设计的审美层次已从形式美感转向文化意识，即从过去的为了装饰而装饰或一般地创造气氛，提高到了对艺术风格、文化特色和美学价值的追求及意境的创造。

第二，现代室内环境设计审美意识的重心已从建筑空间转向时空环境，强调人的参与性和体验性。

1.2
室内环境设计的内容和范畴

1.2.1　室内环境设计的内容

现代室内环境设计涉及的面很广，但其主要内容可归纳为四个方面。

（一）室内空间的组织和室内空间界面的处理

组织室内空间时，首先要对原有建筑设计的意图进行充分的理解，对建筑的总体布局、功能、人流动线和结构体系等有深入的了解，进行室内环境设计时进一步调整空间的尺度和比例，解决好空间与空间之间的衔接、对比和统一等问题。室内空间组织的具体工作主要包括对空间功能的分析、对人流动线的安排，以及对建筑内部各空间的组织、分隔与再创造等。

室内空间界面处理是指在对室内空间的各个围合面，即地面、墙面、顶面和隔断面等各界面的形状、使用功能和特点进行分析的基础上，结合水、电和暖等管线设计，用各种装饰材料在各界面通过一定的构造，形成表面上的造型和肌理效果。需要说明的是，室内空间界面处理不一定非要做"加法"，对室内空间界面也可以不做任何装饰，如保留网架屋盖、混凝土柱身和清水砖墙等，当然这些要从建筑的使用性质和特点方面去考虑，也不可忽视结构技术的制约而刻意追求纯形式且随意性极大的"艺术效果"。室内环境设计是技术手段和艺术手段的融合体，任何过分的片面强调和追求，都将有损于建筑室内环境的完整性和艺术效果。

（二）材料的选择

材料的选择，是室内环境设计中直接关系到实用效果和经济效益的重要环节。选用材料时，除了要考虑满足不同的使用功能的要求外，还要考虑满足人们的身心感受这一方面的要求。设计稿中的各种形和色，最终要与"材质"这个载体相统一，赋予人们综合的感受。

（三）色彩和照明设计

色彩是室内环境设计中最生动、最活跃的因素之一，往往给人们留下对室内环境的第一印象。色彩通过人们的视觉感受，使人们产生生理、心理的效应，形成丰富的联想和深刻的寓意。

照明分为天然采光和人工照明。光除了能满足人们正常的工作和生活要求外，还能烘托室内气氛，形成强烈的感染力。光和色不能分离，色彩在不同光线的照射作用下，会产生不同的效果。因此室内环境的色彩和照明设计，要根据建筑的性格、室内环境的使用性质、人们的工作活动特点和停留时间等因素，确定室内环境的主体色和辅助色，确定合理的光照效果。

（四）陈设设计

室内陈设品指的是家具、灯具、装饰工艺品和植物等内容。它可以脱离界面而布置于室内空间里（除了一部分固定家具、嵌入式灯具及壁画等需与界面结合外），具有实用性和装饰性两个方面的特征，在形成室内环境设计风格方面起到举足轻重的作用。

除了以上所列主要内容外，室内环境设计还包括室内给排水、供电设备的设计，室内通信、消防、视听和隔音的设计，室内采暖、通风与温湿度调节的设计等。

1.2.2 室内环境设计的范畴

室内环境设计所涉及的范围很广。按室内环境的使用功能，室内环境设计主要可归纳为四类，即居住建筑室内环境设计、公共建筑室内环境设计、生产建筑室内环境设计和特殊建筑室内环境设计。

（一）居住建筑室内环境设计

居住建筑分为别墅、院落式住宅、集体宿舍、公寓和集合式住宅等。居住建筑室内环境设计的目的在于，为人们解决居住方面的问题，塑造理想的居住生活环境。

（二）公共建筑室内环境设计

公共建筑室内环境设计的类型很多，概括起来主要可分为两类，即限定性公共建筑室内环境设计和非限定性公共建筑室内环境设计。限定性公共建筑包括教学建筑和办公建筑；非限定性公共建筑种类较多，如商业、文化、传媒、会展、医疗、科研、通信、金融、体育、娱乐、纪念、宾馆和交通等类别的建筑都属于非限定性公共建筑。

（三）生产建筑室内环境设计

生产建筑室内环境是指供人们从事工农业生产的各类建筑的室内环境。生产建筑室内环境设计的目的在于，改善工农业生产的环境，提高人们的工作效率，便于生产的科学管理。因此，生产建筑室内环境设计一定要密切联系生产实际，使生产建筑室内环境能够满足多方面的需要。

（四）特殊建筑室内环境设计

特殊建筑室内环境设计是指为某些特殊用途而建造的建筑的室内环境设计，军用建筑、科学探险考察站和海上水下建筑等的室内环境设计均属于此类。这些建筑的室内环境设计应当作特殊的设计处理，以满足建筑内部空间环境上的特殊用途和需要。

1.3
室内环境设计的目的和原则

1.3.1　室内环境设计的目的

从建设目标角度来说，室内环境设计既要能体现物质水准建设，又要能体现精神品质建设。

物质水准就是要解决室内环境设计在物质条件方面的科学应用问题。例如，建筑及其相关室内空间环境的空间计划、家具陈设和储藏设置等，必须合乎科学、合理的法则，以提供完善的生活效用，满足人们的多种生活需求。

精神品质包含室内环境设计艺术性和特色性两个方面的内容。艺术性是指室内坏境设计的形式原理、形式要素，即造型、色彩、光线和材质等，应在美学原理的规范之下，达到取悦感官和鼓舞精神的作用。特色性是指室内环境设计在空间的形态和性格塑造中应能够反映出不同空间的个性和特色，使室内环境能够体现出独特的空间环境内涵，让人们获得美好的精神感受。

1.3.2　室内环境设计的原则

从原则上说，室内环境设计要建立在功能性、技术性、精神性和经济性的基础上。

（一）功能性原则

室内环境设计的功能性是指对室内环境中的室内空间、室内空间界面、陈设品等的配置，以及对采光、通风、照明和水电暖气等设施的布置等，必须建立在科学、合理的基础上，满足人们对使用功能的需求。

在考虑功能性原则时，首先要明确建筑的性质、使用对象和空间的特定用途，了解清楚所设计的空间是属于哪类建筑的哪个部分，是对外还是对内，是属于公共空间还是属于私密空间，是需要热闹的气氛还是宁静的环境等。随功能性的不同，设计的做法也不相同，表现的方式更是不同。建筑室内环境功能设计包括建筑及其相关室内空间环境各个房间关系的布置、家具配置、通风设计、采光设计、设备安排、照明设置、绿化布局、交通流线和环境尺度等方面的内容。它们均与室内环境设计工程的科学性密切相关，必须用现代科技的先进成果来最大限度地满足人们的各种物质生活要求，进而提高室内物质环境的舒适度与效能。

（二）技术性原则

室内环境设计主要包括建筑技术和设备技术两个方面的内容。

1. 建筑技术

室内环境设计是建筑及其相关室内空间技术与艺术手段交叉结合的综合体，受结构和装饰材料的制约。建筑及其相关室内空间环境的总体效果在很大程度上依靠一定的建筑技术和装饰材料来实现，所以在研究室内环境设计的基本原则时，必须研究建筑及其相关室内空间技术与室内环境设计的关系。充分发掘建筑技术、结构构件的装饰因素，努力寻求新技术、新材料在建筑及其相关室内空间环境中的广泛运用是至关重要的。

2. 设备技术

要使现代室内环境设计具有更高的效能，使室内环境的质量和舒适度有所提高，使室内环境设计能够更好地满足精神功能需要，必须最大限度地利用现代科学技术的最新成果。现代空调设备技术的运用，可极大地提高建筑及其相关室内空间环境的舒适度；现代的安全装置，如自动灭火装置和烟感报警器等的运用，能增强人们在室内空间的安全感；现代家用电器以及电信设施在建筑室内环境中起着至关重要的作用，它们不仅满足了使用功能方面的要求，而且增加了建筑室内环境的美感。

（三）精神性原则

众所周知，人们总是期望能够按照美的规律来进行空间环境的塑造，这就需要在满足人们的精神要求方面下功夫。室内环境对人们精神方面的影响主要表现在以下两个方面。

1. 给人以美的感受

室内环境设计要达到给人以美感的目的，一方面，要注意空间感，应设法改进和弥补建筑设计提供的空间所存在的缺陷，注意陈设品的选择和布置，品种要精选，体量要适度，配置要得体，力求做到有主有次、有聚有散和层次分明；另一方面，要注意室内环境色彩的运用，对于室内环境色彩关系影响较大的家具、织物、墙壁、顶棚和地面的颜色，要强调统一性，力求产生沉稳、和谐的室内环境色彩效果。任何室内环境设计都要符合构图与形式美法则，给人以美的感受。

2. 形成环境气氛

建筑及其相关室内空间气氛是室内环境给人的总印象，能够体现室内环境的个性。

通常所说的轻松活泼、庄严肃穆、安静亲切、欢快热烈、朴实无华、富丽堂皇、古朴典雅和新颖时髦等就是用来形容气氛的。大型宴会厅需要热烈、富丽的气氛，小型宴会厅需要亲切、典雅、轻松的气氛；科技会堂应有平易近人、轻松活泼的气氛，以营造互学互助、畅所欲言和自由讨论的学术环境；政治性礼堂应有庄严、宏伟和凝重的气氛，以体现其严肃性和重要性。

建筑及其相关室内空间的气氛营造涉及很多因素，需要针对具体的对象进行认真的思考和分析，以营造出与空间用途和性质相一致的室内空间气氛。

（四）经济性原则

室内环境设计的经济性建立在发挥人力、物力和财力的最大效用的基础上。进行室内环境设计时，充分发挥人和物质资源的最大效用，需要精心计划所有资源，考虑它们的长期使用价值，避免由于计划的不周全而造成不必要的浪费。

总之，功能、技术、精神和经济之间的关系是辩证统一、紧密联系和相互影响的，它们在现代室内环境设计中互相配合，共同催生出良好的室内环境设计作品。

1.4
室内环境设计的依据和要求

1.4.1　室内环境设计的依据

设计者事先必须充分掌握建筑的功能特点、设计意图和结构等情况，对建筑所在地区的外部环境有所了解。在进行室内环境设计以前，设计者必须首先把握以下设计依据。

（一）人们在建筑室内环境中停留、活动、交往和通行的空间尺度

首先是人体的尺度及动作区域所需的尺寸和空间范围，人们交往时符合心理要求的人际距离，以及人们在室内通行时有形通道和无形通道的宽度、门扇的高度等。其中人体的尺度是指人们在建筑及其相关室内空间环境中完成各种动作时的活动范围，是我们确定室内门扇的高度与宽度、踏步的高度与宽度、窗台和阳台的高度、家具的尺寸及其相间距离，以及楼梯平台净高、室内净高等的最小值的基本依据。进行室内环境设计时，设计者不仅要考虑人们在不同性质的室内环境空间内对人体尺度的心理感受，还要顾及满足人们心理感受需求的最佳空间尺度。

（二）家具、灯具和其他陈设品等的尺度，以及使用和安置它们时所需的空间范围

在室内空间里，除了人的活动外，占据空间的主要有家具、灯具和其他陈设品。在一些高雅的室内空间环境中，室内植物、水体与山石小品等所占据的空间尺度，均为组织和分割室内空间的依据。值得注意的是，灯具、空调设备和卫生洁具等不仅有本身的尺寸以及使用、安置时必需的空间范围，而且在建筑土建设计与施工时对管网布线等已有一个整体的规划，故在进行室内环境设计时应尽可能在此类设备、设施的接口处予以连接、协调，并对其做出适当调整，以满足合理使用室内空间环境等需要。

（三）室内空间的结构构成、构件条件和设施管线等的尺度和制约条件

室内空间的结构体系、柱网的开间尺寸、楼面的板厚与梁高、风管的断面尺寸及水电管线的走向和铺设要求等，都是组织室内空间时必须考虑的内容。其中一些设施虽可在协商后做出调整，但仍然是设计时必须考虑的重要因素。例如，集中空调的风管通常设置在梁板底下、计算机房的各种电缆线常铺设在架空的地板内等，在室内空间的竖向尺寸上就必须考虑这些因素。

（四）符合设计环境要求，有可供选用的装饰材料和可行的装饰施工工艺

从设计构想变成设计现实，必须有可供选择的地面、墙面和顶面等界面的装饰材料，以及可行的装饰施工工艺。这些必须在开始进行室内环境设计时就考虑到，以保证设计的可实施性。

（五）符合工程投资限额和建设工期方面的要求

工程投资限额和建设工期方面的要求是指在建筑室内装饰工程方面已经确定的工程投资限额和建设标准，以及设计任务要求的工程施工期限。具有具体而明确的经济和时间观念，是一切现代设计工程得以实现的重要前提条件。

1.4.2　室内环境设计的要求

现代室内环境设计实际上是科技与艺术相互结合的室内环境设计，对其具体的要求主要有以下几点。

（1）应有使用合理的建筑及内部空间组织和平面布局，提供符合使用要求的建筑及其相关室内空间声、光、热效应，以满足室内环境物质功能的需要。

（2）应有造型优美的空间构成和界面，以及宜人的光、色和材料配置，以创造符合建筑及其相关室内空间性格的环境氛围，满足室内环境精神功能的需要。

（3）要采用合理的装修构造和技术措施，选用合适的装饰材料和设施、设备，使室内环境具有良好的经济效益。

（4）要符合安全疏散、防火和卫生等设计规范的要求，遵守与设计任务相适应的有关定额标准。

（5）要考虑随着时间的推移，室内环境设计具有调整室内功能、更新装饰材料和设备的可能性。

（6）要考虑到可持续性发展的要求。室内环境设计应考虑室内环境的节能、节材，防止污染，并注意充分利用和节省室内空间。

1.5
室内环境设计的方法和程序

1.5.1　室内环境设计的方法

室内环境设计的方法主要包括以下几种。

（一）大处着眼、细处着手，深入推敲整体与细部

大处着眼指的是在设计思考时要有一个全局的观念，首先对整个设计任务有一个全面的构思和设想，然后在具体设计中从细节入手进行深化，根据空间的使用性质，深入调查、收集资料，在基本的人体尺度、人流动线和家具尺寸等方面反复推敲，将局部融入整体，达到整体与细部的统一。只有这样，室内环境设计才能既有合理的总体构想，又详细深入、符合具体客观实际的要求，否则就容易陷入空洞或琐碎的境地。

（二）从内到外，从外到内，内外结合，协调统一

这里的"内"是指某一室内空间，"外"是指与该室内空间相关联的其他室内空间以及建筑室外环境，它们之间有着相互依存的密切关系。进行室内环境设计时，只有由内到外、由外到内反复协调，最后才能趋于完善合理，使室内环境整体的性质、风格相一致，并且与室外环境协调统一，否则就容易造成相邻室内空间之间不协调和不连贯，也可能造成室内环境与室外环境冲突对立。

（三）意在笔先或笔意同步，立意与表达并重

"意"是指立意、构思和创意，"笔"是指表达。对于一项设计来说，立意与构思是非常关键的因素，缺乏立意和构思往往就失去了设计的"灵魂"。因此，一般而言，应该意在笔先，只有先有了明确的立意和构思，才能有针对性地展开具体的设计工作。产生一个独特和成熟的构思往往并不容易，不仅需要有足够的信息和充分的时间，还需要设计者反复思考与酝酿。因此，在很多情况下，也可以笔意同步，边构思边动笔，边动笔边构思，在设计过程中使构思逐步明确和完善。

对于室内环境设计来说，意与笔的关系还表现在，一个优秀的设计构思的产生还要求设计者具有一定的表达手段，包括图纸、模型和文字说明，甚至多媒体演示等，只有这样，设计者才能使业主、专家、领导和评审人员等快速、完整和清晰地了解其构思，领会其设计意图。因此，对于设计者来讲，能做到熟练掌握并运用各种表达手段也是一项十分重要的能力。（图1-3）

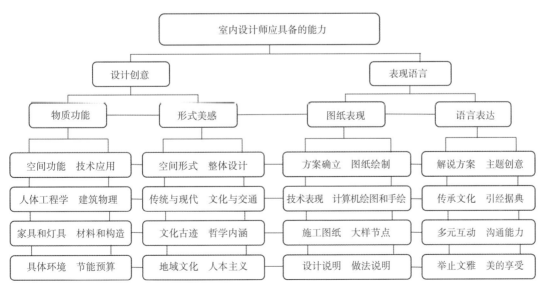

图1-3 室内设计师应具备的能力

1.5.2　室内环境设计的程序

根据设计进程，可将室内环境设计分为设计准备阶段、方案设计阶段（包括扩大初步设计阶段）、施工图设计阶段、设计实施阶段和竣工阶段等五个阶段。（表1-1）

表1-1　室内环境设计的程序

阶　　段		工　作　内　容
设计准备阶段		签订工程设计合同（协议）； 明确设计任务书； 现场勘察与测绘，分析外部条件； 调研、分析设计内在因素
方案设计 阶段	初步设计阶段	绘制草图，拓展设计概念； 提交与比较初步设计方案； 确定方案； 提交初步概算方案
	扩大初步设计阶段	修改、深化设计方案； 预选家具、设备与主要材料； 配套设计设备与结构图纸； 制订工程预算
施工图设计阶段		提交完整的可供施工的设计图纸与相应的配套工种设计图纸； 明确主要材料与家具、设备选型要求； 制订详细的工程预算
设计实施阶段		施工图纸技术交底； 现场指导与监理； 参与选样、选型等； 设计工艺品等
竣工阶段		参与验收； 列出有关日常维护和管理的注意事项； 追踪评估

（一）设计准备阶段

设计准备阶段最主要的工作是，制订设计任务书，接受委托任务书，签订工程设计合同（协议），或者根据标书要求参加项目投标。所谓设计任务书，就是指在开始项目前决定设计方向的文件，这个方向涉及室内空间的物质功能和精神功能两个方面。设计任务书在表现形式上有意向协议、招标文件和正式合同等。不管表面形式如何多变，设计任务书的实质内容是不变的。通俗地说，设计任务书就是制约委托方（甲方）和设计方（乙方）的具有法律效力的文件。只有委托方和设计方共同严格遵守设计任务书规定的条款，才能保证工程项目顺利实施。

在制订好设计任务书后，设计者还要接受委托任务书，签订工程设计合同（协议），或者根据标书要求参加项目投标；明确设计任务书的设计任务和要求，如室内空间的使用性质、功能特点、设计规模、等级标准和总造价，以及室内空间氛围、文化内涵和艺术风格等；熟悉与室内环境设计有关的规范和定额标准，收集并分析必要的资料和信息，包括调查现场，测绘关键部位的尺寸，细心地揣摩相关的细节处理手法；调查同类室内空间的使用情况，找出功能上存在的问题。在签订工程设计合同（协议）或制订投标文件时，设计者要注明设计的进度安排、设计费率标准。设计费有按工程量来收取的，即以总计工程的平方米乘以每平方米所收取的设计费来收取。

（二）方案设计阶段

方案设计阶段的工作内容是，在设计准备的基础上，进一步收集、分析和运用与设计任务有关的资料和信息，构思立意，进行初步的方案设计，经过多个方案的分析和比较后，进行方案的深入设计。

这一阶段通常包括以下文件。

（1）平面图：绘图比例通常为 1：50 或 1：100。（图1-4）

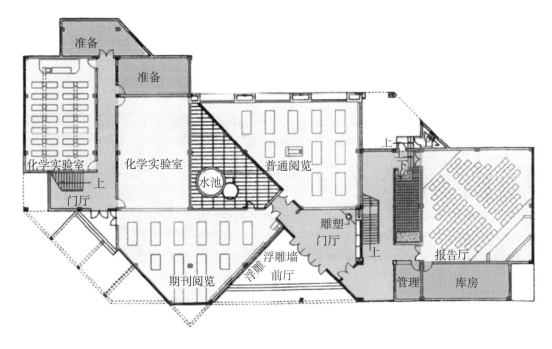

图1-4　某室内空间底层平面图设计

（2）立面图：绘图比例通常为 1：20 或 1：50。（图1-5）

（3）天花板图：绘图比例通常为 1：50 或 1：100。

（4）效果图。（图1-6和图1-7）

（5）室内装饰材料实样版面（墙纸、地毯、窗帘、砖石材料和木材等均用实样，家具、灯具、设备等可用实物照片）。

（6）设计说明和造价概算文件。

（三）施工图设计阶段

经过对初步设计的反复推敲，在设计方案完全确定下来后，准确无误地实施设计方案，主要依靠施工图设计阶段的深化设计。

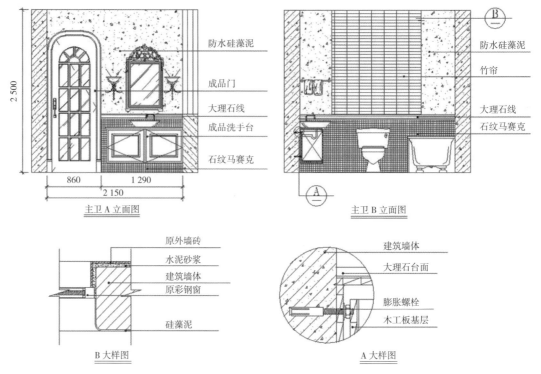

图1-5　某室内空间立面图及节点大样图

图1-6　某室内空间手绘效果图

图1-7　用计算机绘制的某室内空间效果图

（四）设计实施阶段

设计实施阶段即工程施工阶段。施工前，设计者须向施工单位进行设计意图说明和图纸技术交底。在工程施工期间，设计者需按图纸要求核对施工实际情况，有时还需根据现场的施工情况对图纸进行局部的修改和补充。施工结束后，设计者同质检部门和建设单位进行工程验收。

（五）竣工阶段

竣工验收，列出有关日常维护和管理的注意事项，并追踪评估。

思考与练习

1. 什么是室内环境设计？它的特征是什么？
2. 室内环境设计包含哪些方面的内容？
3. 简述室内环境设计的程序。

第 2 章

室内空间的组织和
界面处理

一、教学基本内容

本章系统地介绍了室内空间的分隔与限定、室内空间的类型、室内空间的组合与序列和室内空间的界面处理等知识，并穿插概念分析图及实际案例图片，将抽象、难理解的知识点具象化、形象化。

二、教学目标

本章通过多媒体课件教学、小组研讨等方法，使学生在吸收理论知识的同时，形成感性认识，并延伸到设计方案中，完成实践项目任务的训练。理论课程的学习不是最终的目的，本章的教学目标是提升学生学以致用的能力。在教学中，可运用情境教学方式，模拟装饰公司进行设计任务的实施。

三、教学重难点

本章第一节介绍了室内空间的分隔与限定；第二节针对常见室内空间进行分析；第三节重点讲解了室内空间的组合形式、室内空间序列的过程与要求，是知识点较难理解的一节；第四节介绍了室内空间界面的处理，重点强调界面处理的原则和手段。通过对本章的学习，学生对于室内空间的平面和整体布局应有灵活的思维模式和独特的创作角度。

2.1
室内空间的分隔与限定

2.1.1　室内空间的分隔

（一）绝对分隔

绝对分隔出来的室内空间就是常说的房间。这种室内空间封闭程度高，不受视线和声音的干扰，与其他室内空间没有直接的联系，独立性、间隔性、私密性和领域性较好，但与外界的流动性较差，在具有良好设施的情况下能保证良好的温度、湿度和空气清新度。卧室、卫生间、餐厅包间、档案室和仓库等，都是绝对分隔的室内空间形式。（图 2-1 和图 2-2）

图2-1　室内空间的绝对分隔一　　　　　　图2-2　室内空间的绝对分隔二

（二）局部分隔

局部分隔也称为相对分隔，是以限定度较低的局部界面来分隔空间。一般常采用不到顶的隔墙或较高的家具等来进行局部分隔。局部分隔介于绝对分隔和象征分隔之间，不太容易明确界定。局部分隔的室内空间或不阻隔视线，或不阻隔声音，或与其他室内空间直接来往，限定度较低，抗干扰性差。局部分隔可以使室内空间隔而不断，层次丰富，流动性较好。（图 2-3）

图2-3　室内空间的局部分隔

（三）弹性分隔

弹性分隔是指利用拼装式、折叠式、升降式等活动隔断、屏风、幕帘，或弹簧门、活动地台、活动顶棚、活动舞台背景等来划分空间。采用这种分隔方式，可以根据使用要求随时启闭或移动分隔物，室内空间也随之或分或合，或大或小。弹性分隔使用起来非常灵活，故在会议厅、中西餐厅与娱乐空间中得到广泛应用。（图 2-4 和图 2-5）

图2-4　室内空间的弹性分隔一　　　　图2-5　室内空间的弹性分隔二

(四) 象征分隔

象征分隔在多数情况下通过采用不同的材料、色彩、灯光和图案来实现，分隔界面模糊、含蓄，主要通过视觉感知空间来实现心理上的划分。利用这种分隔方式分隔出来的室内空间其实是一个虚拟空间，可以为人所感知。象征分隔并没有实际意义上的隔断作用。例如，利用不同光源的颜色、照度和亮度等来分隔室内空间，或者利用色彩、图案、材质、音响和气味等来分隔室内空间。（图2-6和图2-7）

图2-6　室内空间的　　　　　　图2-7　室内空间的象征分隔二
　　　　象征分隔一

室内环境设计的室内空间分隔，既是一个技术问题，也是一个艺术问题，除了要考虑室内空间的功能外，还要注意分隔的形式、组织、比例、方向、图形、构成和整体布局等。良好的分隔总是虚实得体和构成有序的。

2.1.2　室内空间的限定

在空间设计中，人们常常把限定前的室内空间称为原空间，把用于限定室内空间的构件等称为限定要素。不同的限定手法具有不同的特点、采取不同的组合方式，所形成的限定感也不相同。常见的室内空间限定手法包括围合、覆盖、凸起、下沉，架起、设立和质地的变化（如材质、色彩、肌理的变化等）。

(一) 围合

室内环境设计中，用于围合的限定要素很多，常用的有隔墙、隔断、家具、帘幕和植物等。这些限定要素在高低、疏密、质感和透明度等方面不同，所形成的限定度也各有差异，从而使人们对于室内空间的感觉也不尽相同。（图 2-8 和图 2-9）

(二) 覆盖

用覆盖的方式限定室内空间时，一般都采用从上面悬吊限定要素或在下面支承限定要素的办法来实现。在室内环境设计中，覆盖这一限定手法常用于比较高大的室内空间中。限定要素由于离地距离、透明度和质感不同，所形成的限定效果也有所不同。（图 2-10 和图 2-11）

图2-8　围合空间一

图2-9　围合空间二

图2-10　覆盖空间一

图2-11　覆盖空间二

(三) 凸起

凸起指的是将某一区域地面升高，形成高出周围地面的室内空间。它的空间性质是显露的。在室内环境设计中，这种室内空间形式有强调、突出和展示等功能，有时也具有限制人们活动的意味。（图 2-12 和图 2-13）

图2-12　凸起空间一

图2-13　凸起空间二

(四) 下沉

下沉也是一种室内空间限定手法，它使某区域地面下沉，形成低于周围地面的室内空间。下沉的空间性质与凸起正好相反，是隐蔽的。下沉在室内环境设计中常常能起到意想不到的作用。它不仅能为周围室内空间提供一种居高临下的视觉条件，而且能在下沉区域内部营造出一种静谧的气氛，同时还具有一定的限制人们活动的功能。（图 2-14 和图 2-15）

图2-14　下沉空间一　　　　　　　　　　　　　　图2-15　下沉空间二

（五）架起

架起形成的室内空间与凸起形成的室内空间有一定的相似之处，但架起形成的室内空间解放了原来的地面，从而在其下方创造出另一从属的限定空间。在室内环境设计中，设置夹层和通廊是架起这一限定手法的典型运用。架起对于丰富空间效果能起到很好的作用。（图 2-16 和图 2-17）

图2-16　架起空间一　　　　　　　　　　　　　图2-17　架起空间二

（六）设立

设立指的是通过将限定要素设置于原空间中，在该限定要素周围限定出一个新的室内空间。这种室内空间的形成是意象性的，边界是不确定的。在该限定要素的周围常常可以形成一种环形室内空间，限定要素本身也经常可以成为吸引人们视线的焦点。在室内环境设计中，家具、雕塑或其他陈设品都能成为这种限定要素。限定要素既可以是单个的，也可以是多个的；既可以是同一类物体，也可以是不同种类的物体。（图 2-18和图 2-19）

图2-18 设立空间一

图2-19 设立空间二

（七）质地的变化

在室内环境设计中，通过界面质感、色彩、形状乃至照明等的变化，常常也能限定室内空间。这些限定要素主要通过人的主观意识发挥作用。一般而言，质地的变化限定度较低，是一种抽象的限定手法。（图 2-20）

图2-20 利用质地的变化所形成的室内空间

2.2
室内空间的类型

2.2.1 开敞空间和封闭空间

开敞空间和封闭空间是相对而言的，是开敞还是封闭取决于室内空间的性质、与周围环境的关系和视觉的需要。

在感受上，开敞空间是外向性的，开朗活跃，包围性和私密性较小，重点强调室内空间与周围环境的交流、渗透，受外界的影响比较大。（图2-21）

封闭空间是静止而凝滞的，与周围环境的交流性较差，限定性较强，私密性较强，易于家具布置。但封闭空间太过沉闷，具有内向的拒绝性。一般在不影响封闭功能的情况下，常利用玻璃窗、镜面等扩大封闭空间和增加封闭空间的层次感，打破封闭空间的严肃性。（图2-22）

图2-21　开敞空间　　　　　　　　　　　　　图2-22　封闭空间

2.2.2　动态空间和静态空间

动态空间多以人流以及变化着的画面、闪烁的灯光和跳跃的音乐等动态因素来体现出一种动感，是时间与空间相结合的"四维空间"。常见的室内动感装饰元素有垂直的观光电梯、自动扶梯、动感雕塑、多媒体设备、立体声音乐、水幕墙和滚动的壁画灯等，能体现生动活泼、欢快摇动的趣味空间。但长时间处于动态空间内，人们会烦躁不安，出现情绪波动的状况，因此需打造出静态空间以调解人们的心理和视觉感受。（图2-23）

静态空间形式较稳定，且趋于封闭，限定性较强，因此静态空间容易形成安宁、平衡的静态效果。在室内环境设计中，常采用对称式、向心式和离心式等构图方法对静态空间进行设计。有的室内空间动与静的界限划分不明显，一些综合的信息通过人们的感官会发生变化，因此要灵活地判断出人们对于室内空间的整体感受。（图2-24）

图2-23　动态空间　　　　　　　　　　　　　图2-24　静态空间

2.2.3 虚拟空间和实体空间

　　虚拟空间又称心理空间。它是在已有界面围合的室内空间内，通过局部变化再次限定室内空间。设计者主要根据形体的启示和视觉的联想来划定室内空间，借助植物、隔断、家具、水体、色彩、材质、标高和灯光等对室内空间进行象征性的分隔，特意形成一种含糊、朦胧、相互交叠和互相渗透的合理空间。虚拟空间不是孤立的，存在于整体的室内空间之中。设计者在设计时要充分把握设计手法，利用各种现代科技手段和新型装饰材料来创造虚拟空间。例如，生活中常用的镜子、玻璃和金属材料的折射会转移人们的视线，使人们产生室内空间扩大了的超现实感觉。（图2-25）

　　实体空间是由实体界面围合而成的室内空间。封闭空间也属于实体空间。（图2-26）

图2-25　虚拟空间　　　　　　　　　　图2-26　实体空间

2.2.4 共享空间

　　共享空间一般常见于大型的公共场所，具有高、大的特点。为了适应各种社会活动和休闲生活的需要，共享空间内配有多种公共设施。共享空间的使用功能丰富，人们在共享空间中活动，可以得到物质和精神上的满足。共享空间具有服务性、功能性、休息性、欣赏性和娱乐性等多种性能，是一个综合性的多元化灵活空间。商场的中庭、宾馆的大堂和中心娱乐区等，都是互相穿插、渗透的共享空间，它们与周围环境、景物、水体和人等共处一室，使室内空间富有动感，真正体现出室内空间的共享。（图2-27和图2-28）

图2-27　共享空间一　　　　　　　　　图2-28　共享空间二

2.2.5　悬浮空间

在室内空间局部的垂直面上悬吊或悬挑出的小空间凌驾于大空间的半空中，使室内空间更为活泼，突出室内空间的性格，并使室内空间具有趣味性，是打造室内空间亮点的方式之一。常见的悬浮元素包括吊顶、工艺造型、卡通造型、主题元素、几何形体、灯具和织物等。（图2-29和图2-30）

图2-29　悬浮空间一　　　　　　　　　　　　　　　　图2-30　悬浮空间二

2.3
室内空间的组合形式与序列

2.3.1　室内空间的组合形式

常见的室内空间组合形式有以下六种。

（一）母子空间

这是指在一个室内空间内可以包含一个或若干个小空间。为了感知母子空间，两者之间的尺度必须有明显的差别，如果小空间的尺度增大，那么大空间就失去了它作为母空间的能力。母子空间应尺度适宜，小空间尺度越大，大空间的外围空间就显得越压抑，适当地处理小空间的比例，可以组合出小空间和大空间"融洽相处"的空间类型。（图2-31和图2-32）

（二）穿插式空间

这种室内空间的组合由两个空间构成，两个空间的范围相互重叠而形成一个公共空间地带。两个空间以这种方式贯穿时，仍保持各自作为空间所具有的界限和完整性。

穿插式空间具体是指一定范围内的两个空间相互叠加形成公共区域，在不破坏原来

图2-31 母子空间一

图2-32 母子空间二

空间的完整性的基础上形成一个有机的整体。（图 2-33 和图 2-34）

图2-33 穿插式空间一

图2-34 穿插式空间二

（三）邻接空间

这是一种常见的室内空间组合形式，它允许根据各个空间的功能或者象征意义的需要，清楚地对各个空间加以划分，相邻空间之间的视觉和空间连续程度取决于空间界面的特点。

多个不同形态的空间，根据面的形状以对接形式进行组合，也可进行实体的连续，形成单一的独立面。保持相互连续性的复合空间具有灵活性和延伸性。也可以利用柱子来分隔室内空间，使室内空间具有连续性和渗透性。（图 2-35 和图 2-36）

图2-35 邻接空间一

图2-36 邻接空间二

图2-37　过渡空间

（四）过渡空间

这是一种将公共空间连接在一起的空间组合形式，相邻的两个或更多个空间可以用一个过渡空间连接，过渡空间主要起承上启下、心理缓冲的作用。连接物的造型在连接过渡位置起到引导、暗示和过渡的作用。过渡空间的设置要灵活、巧妙，切忌生硬。（图 2-37）

（五）综合式组合空间

综合式组合空间是指根据空间的功能、形式、大小、用途和比例等灵活、机动地进行空间组合，实现室内空间的变化与协调。室内空间应根据主体部分的位置并重点考虑室内空间的主要人流动线来进行组合。休闲娱乐场所的室内空间往往使用这种组合形式。（图 2-38 和图 2-39）

图2-38　综合式组合空间一　　　　　图2-39　综合式组合空间二

（六）重复空间

重复空间是指同一空间连续出现，即将具有相同单元形式的空间（单元空间）按照一定的节奏感协调、统一地进行重复排列，形成一定的韵律。需要指出的是，不恰当的重复会使人产生单调、乏味的感觉。在室内空间组合设计中，宜使用多种室内空间组合形式，实现室内空间的变化与统一、对比与协调。（图 2-40 和图 2-41）

图2-40　重复空间一　　　　　图2-41　重复空间二

2.3.2 室内空间的序列

室内空间的序列是指室内空间环境先后活动的顺序关系，是按照功能进行合理组织的室内空间组合，反映出人们在生活中的各种活动过程，具有一定的规律性。为了使室内空间的主题突出，综合运用对比、重复、过渡、衔接和引导等室内空间处理手法，将各个室内空间按顺序、流线和方向等进行联系，把独立的各个室内空间组织成富有变化的复合空间。

良好的室内空间序列设计，宛如一部完整无缺的乐章，有主题、有起伏、有高潮、有结束。

例如去美术馆参观展览，先要了解展览的广告，进而去购票，然后进入美术馆展厅欣赏所展览的作品，接着在休息厅休息或做其他活动（买纪念品、上卫生间等），最后从出口离开美术馆，参观展览这个活动就基本结束了。美术馆室内空间设计一般也就按这样的序列来进行，即广告宣传—售票台—门厅—展览大厅—休息厅（纪念品商店、卫生间）—出口就是进行美术馆室内空间序列设计的主要依据。可见，室内空间的序列犹如乐章，有序曲、高潮、低潮和结尾，各部分之间交融相衬，形成一个整体。在室内空间的处理上，应做到如音乐旋律般流畅，使室内环境设计顺理成章。室内空间环境应在满足功能的同时，让人感受到方便、适宜和轻松。

（一）室内空间序列的处理形式

室内空间序列具体的处理形式包括以下几种。

（1）室内空间的对比与变化。

（2）室内空间的重复与再现。（图 2-42 和图 2-43）

图2-42　室内空间的重复一　　　　　图2-43　室内空间的重复二

（3）室内空间的衔接与过渡。

（4）室内空间的渗透与层次。（图 2-44 和图 2-45）

图2-44　室内空间的渗透（上与下）　　　图2-45　室内空间的渗透（内与外）

(5) 室内空间的引导与暗示。（图2-46和图2-47）

(6) 室内空间的序列与节奏。（图2-48）

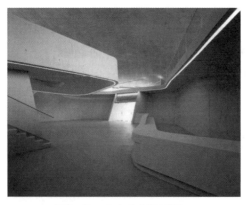

图2-46　室内空间的引导一

图2-47　室内空间的引导二

图2-48　室内空间的节奏

（二）室内空间序列的过程

室内空间序列的全过程分为以下几个阶段。

1. 起始阶段

起始阶段是室内空间序列的开端。一般来说，具有足够的吸引力是室内空间序列起始阶段的核心。室内空间序列的起始就像音乐的前奏，是室内空间序列的开端，预示着将要展开的内容，首先应组织主要人流动线。次要人流动线应服从主要人流动线，起到烘托作用。为了有一个良好的开始，必须妥善处理室内空间与室外空间的关系。只有这样，才能把人流导入室内空间。同时，还需要考虑到与后续空间的衔接。

2. 过渡阶段

过渡阶段是室内空间序列的承接阶段，也是高潮阶段的前奏，具有引导、启示、酝酿和期待的作用。在室内空间序列中，过渡阶段起到承前启后的作用，是室内空间序列中关键的一环。可以使用室内空间的引导与暗示手法，让人们产生一种自然过渡的感觉，使人们不知不觉地从一个室内空间走到另一个室内空间。不管是在水平方向上还是在垂直方向上，都要选择合适的交通方式，发挥交通的引导作用。

3. 高潮阶段

高潮阶段是室内空间序列的中心，是室内空间序列的精华和目的所在，也是室内空间序列艺术的最高体现。高潮阶段设计的关键在于，满足人们的期待心理，从而激发人们的情绪。室内空间序列的高潮阶段是室内空间结构的中心，也是室内环境设计的精彩之处。

4. 结尾阶段

结尾阶段是室内空间序列的回复阶段。由高潮回复到平静，恢复正常的状态是结尾阶段的主要任务。良好的结束又似余音缭绕，有利于人们对高潮阶段的追思和联想。

（三）对室内空间序列的要求

在室内环境设计中，性质不同的建筑及其相关室内空间环境有着不同的室内空间序列布局要求。在丰富多样的活动内容中，室内空间序列设计绝不会只有一个模式，突破常例有时反而能获得意想不到的效果。通常来说，对室内空间序列的要求涉及以下内容。

1. 室内空间序列长短的选择

室内空间序列的长短反映了高潮阶段出现的早晚，以及为高潮阶段做准备的空间层次的多少。由于高潮室内空间出现意味着室内空间序列全过程即将结束，因此一般来说，对于高潮室内空间的出现不能轻易处理，高潮阶段出现得越晚，空间层次必然越多，对人的心理影响必然越深刻。因此，长室内空间序列的设计能强调高潮阶段的重要、宏伟和高贵。

对于某些建筑类型的室内空间来说，采用拉长时间的长室内空间序列设计手法并不合适。例如，以讲效率、讲速度和节约时间为前提的各种交通站点，室内空间序列布置应该一目了然，空间层次越少越好。例如，上海火车站建筑的室内空间功能十分复杂，为了缩短旅客的进站路线，大量的候车室布置在站台的上空，这样旅客检票进站、上车所花的时间缩短了，从而使旅客不会产生赶车的紧张感。当然对于人们有充裕的时间来观光、游览的建筑，将其室内空间序列适当地拉长是可取的。

2. 室内空间序列布局类型的选择

室内空间序列布局一般可分为对称式和不对称式，规则式、自由式和迂回式等形式，室内空间序列的线路一般可分为直线式、曲线式、循环式、迂回式、盘旋式和立交式等。

我国宫廷和寺庙的室内空间序列布局以规则式居多，园林别墅的室内空间序列布局以自由式和迂回式居多，这对建筑性质的表达很有作用。现代许多规模宏大的集合式空间层次丰富，大多采用循环式和立交式室内空间序列布局，这对创造丰富的室内空间艺术效果具有很大的作用。

3. 室内空间序列高潮阶段的选择

能反映室内空间环境性质特征的主体空间通常是高潮室内空间。由于室内空间环境的规模与性质不同，高潮阶段出现的次数、位置不一样。多功能、综合性的大型建筑及其相关室内空间环境，往往具有多中心、多高潮阶段的可能，并且中心和高潮阶段有主、从之分，主要中心和高潮阶段的位置一般偏中后。对于以吸引、招揽顾客为目的的公共建筑，如旅馆、商场等，高潮阶段宜安排在人流和建筑的中心位置，形成短室内空间序列，以便在短时间内显示室内空间环境的规模、标准和舒适度，使人产生新奇感和惊叹感。

由此可见，不论采取何种室内空间序列，它总是和建筑的目的性相一致的。只有建立在客观需要基础上的室内空间序列，才具有强大的生命力。

2.4
室内空间的界面处理

室内空间的界面处理是指对室内空间的顶面、墙面和地面等界面的处理，包括对材质、大小、造型和色彩等的处理。

界面是由不同形体的形态表现出来的，分为平面和曲面两种。平面包括垂直面、水平面和斜面，曲面包括弧形面、穹顶形面、螺旋面和自由面等。

2.4.1　室内空间界面的功能要求

（1）底面（地面）：满足耐磨、防滑、防水、防静电和易清洁的功能要求。

（2）侧面（墙面、隔断面）：满足挡视线，以及较好地隔音、吸声、保暖和隔热等要求。

（3）顶面（天花板吊顶）：满足质轻，光反射率高，较好地隔音、吸声、保暖和隔热等要求。

2.4.2　室内空间界面处理的原则

采用不同的室内空间界面处理方法可以给人带来不同的视觉感受。（图2-49）

室内空间界面处理的原则主要有以下几项。

（1）风格统一。

（2）主次分明。

（3）渲染的气氛一致。

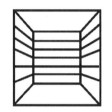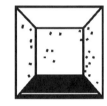

垂直划分,感觉空　　水平划分,感觉空间降低　　顶面深色,感觉空间降低　　顶面浅色,感觉空间增高
间紧缩、增高

（a）　　　　　　　　　　　　　　　　　（b）

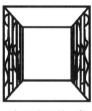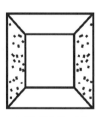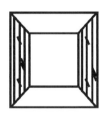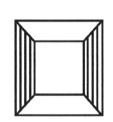

大尺度花饰,感　　小尺度花饰,感　　石材、面砖、玻璃,感　　木材、织物,较有亲切感
觉空间缩小　　觉空间增大　　觉挺拔、冷峻

（c）　　　　　　　　　　　　　　　　　（d）

图2-49　室内空间界面不同处理方法给人的视觉感受

2.4.3　室内空间界面的处理手段

（一）顶面

室内空间的顶面最能反映室内空间的形状和高度变化。对室内空间顶面的处理是，通过升降顶面、产生高差，使室内空间关系明确。另外，使用灯具的造型、发光效果等

进行艺术处理也是顶面的处理手段之一。顶面还可以通过不同的材料质感加以区分；也可以与墙面一起处理，增强统一效果。顶面的处理手段很多，对顶面进行处理的目的是达到遮盖、美观、有秩序、突出重点和中心的效果。（图2-50～图2-52）

图2-50　顶面处理一　　　　图2-51　顶面处理二　　　　　　图2-52　顶面处理三

（二）墙面

墙面在室内空间界面中所占的比例最大，直接影响室内空间装饰的最终效果。对墙面的空间形状、质感、纹样和色彩进行设计是墙面处理常用的手段，另外，对垂直墙面进行转折、穿插和弯曲等是墙面处理的主要手段。例如，对墙面纹理进行横向和竖向划分，可使室内空间产生不同的视觉效果；曲面墙面具有空间导向性效果，可指引人们向其他室内空间过渡；自由形墙面使室内空间灵活多变、夸张、主题效果明显，并具有很强的个性和趣味性，但方向感不强。（图 2-53～图 2-58）

图2-53　墙面处理一　　　　　图2-54　墙面处理二　　　　　图2-55　墙面处理三

图2-56　墙面处理四　　　　　图2-57　墙面处理五　　图2-58　墙面处理六

（三）地面

地面常通过根据使用需求平铺、搭配、拼接和穿插不同种类的地面材料等手段进行处理。也可以根据室内空间的结构特点，通过提高或降低地面高度来区分不同区域；还可以将地面与墙面做整体化处理或者通过地面局部灯光来做分隔处理。（图2-59~图2-61）

图2-59　地面处理一　　　　图2-60　地面处理二　　　　图2-61　地面处理三

思考与练习

1. 室内空间有哪些类型？室内空间的分隔方式有哪几种？

2. 室内空间序列的全过程包括哪几个阶段？试以简单图形来分析一个室内空间的序列设计。

3. 室内空间界面包括哪些？处理室内空间界面时，要注意什么问题？

第 3 章

室内空间中的
行为心理

一、教学基本内容

环境心理学的研究是以心理学的方法对环境进行探讨，以人为本，从人的心理特征的角度出发来考虑、研究环境问题，从而使我们对人与环境的关系、对怎样创造室内人工环境产生新的、深刻的正确认识。

二、教学目标

本章注重对人的因素的研究，通过探寻人的行为心理规律，对人、物关系进行剖析，引导设计者以"人性化服务"为观念，对空间、功能、界面和形式等进行研究。

三、教学重难点

（1）领域性、安全感和私密性与室内空间之间的关系。

（2）怎样利用人的好奇心理来引导人在室内空间中的行为，反过来该行为又如何促进室内空间设计。

（3）文化传统是如何影响室内空间的。

3.1
需求行为与室内空间

对于具体的建筑来说，最基本的空间单位是单个的房间，它的大小、形状、比例以及门窗设置等都要满足人一定的行为需求。每类房间正是由于人的行为需求不同而保持着其独特的形式，并区别于其他类房间的。例如，居住空间不同于教室空间，阅览室空间不同于书库空间等。

就一整幢建筑来讲，室内空间之间的组合起着很重要的作用。例如，对于学校、医院等建筑，按照人的行为特点，适于以一个公共的交通空间来连接各使用房间；对于展览馆、火车站等建筑，往往以连续、穿套的形式来组织室内空间，以满足人的行为需求。这说明人的行为需求对于室内空间的组合形式具有限定性，它要求室内空间只能采用与之相适应的组合形式。

另外，同一行为需求也可以用不同组合形式的室内空间来适应。例如，同一使用要求可以用不同的建筑室内空间方案来满足。也就是说，人的行为需求对于室内空间的组合形式又有灵活性。

3.2
心理行为与室内空间

3.2.1 领域性、安全感、私密性与室内空间

（一）领域性

领域性原来指的是动物在环境中为取得食物、繁衍生息等所采取的一种适应生存的

行为方式。个人或群体为满足某种需要，总是要在自身与外界之间划出一片属于自己的领域，力求其行动不被外界干扰和妨碍。对于不同的交往对象和不同的场合，人际交往在距离上存在差异。人际交往距离可分为密切距离、个人距离、社会距离和公众距离四大类。每类距离根据不同的行为性质又分为近区和远区。由于受到民族、宗教、性别、职业和文化程度等因素的影响，人际交往距离的表现也存在一些差异。（表3-1，图3-1~图3-4）

表3-1　人际交往距离和行为特征

人际交往距离	行 为 特 征
密切距离：0~45 mm	近区：0~15 mm，亲密，对对方有嗅觉和辐射热感觉。
	远区：>15~45 mm，可与对方握手接触
个人距离：>45~120 mm	近区：>45~75 mm，促膝交谈，仍可与对方接触。
	远区：>75~120 mm，清楚地看到细微表情的交谈
社会距离：>120~360 mm	近区：>120~210 mm，社会交往，同事相处。
	远区：>210~360 mm，交往不密切
公众距离：>360 mm	近区：>360~750 mm，自然言语的讲课，小型报告会。
	远区：>750 mm，借助姿势和扩音器的讲演

图3-1　密切距离　　　　　　　　　　图3-2　个人距离

图3-3　社会距离　　　　　　　　　　图3-4　公众距离

（二）安全感

对于在室内空间中活动的人们来说，从心理感受角度来说，并不是室内空间越开阔、越宽广越好。室内空间过大过空，会使人觉得难以把握，感到无所适从，安全感会减弱。在这种大的室内空间中，人们通常更愿意靠近能让他们感觉有所"依托"的物体，在一定的范围内形成白己的领域范围。例如，建筑的门厅空间很大，人们多半不会

在其间久留，而是散落在其他能够依靠的地方。安全感和领域性是息息相关的。（图3-5和图3-6）

图3-5　室内空间中人所
需要的安全感一

图3-6　室内空间中人所需要的安全感二

（三）私密性

如果说领域性是人对自己周围空间范围的保护，那么私密性更多地涉及在相应的空间范围内人在视线、声音等方面的隔绝要求。私密性与安全感是相辅相成的。

私密性既有属于个人的；也有属于群体的，人们自成小团体而不希望外界了解他们。（图3-7和图3-8）

图3-7　室内空间中人所
需要的私密性一

图3-8　室内空间中人所需要的私密性二

3.2.2　交往性与室内空间

人际交往的空间距离不是固定不变的，它具有一定的伸缩性。人的自我空间的大小会随着具体情境的变化而变化。例如，在拥挤的公共汽车上，人们无法考虑自我空间，因而也就能容忍别人靠得很近。若在较为空旷的公共场合，人们的空间距离就会扩大。

例如，在公园休息亭和较空的餐馆，人们一般会因为别人毫无理由地挨着自己坐下而感到不自然。（图 3-9 和图 3-10）

图3-9　人在室内空间中的交往一

图3-10　人在室内空间中的交往二

3.2.3　好奇心理与室内空间

好奇心理是人类普遍具有的一种心理，能够引起相应的行为，尤其是探索新环境的行为，对室内环境设计具有很重要的影响。如果室内环境设计能够别出心裁，引起人们的好奇心理，那么所设计的室内环境不但可以满足人们的心理需要，还能加深人们的印象。

在建筑空间设计中，对于一些特殊的建筑，如商业建筑、娱乐建筑和观演建筑等，就针对人们的好奇心理，力求在建筑的造型、色彩、灯光和内部空间特色等方面有所创新，从而显示出与众不同的个性，以吸引人们光顾。探索新环境的行为由于有助于延长人们在室内行进和停留的时间，所以有利于引起经营者希望引起的诸如选物、购物等行为。（图 3-11 和图 3-12）

图3-11　好奇心理与室内空间一

图3-12　好奇心理与室内空间二

3.2.4　精神感受与室内空间

某些特殊类型的建筑，在满足功能的前提下，还要体现人们对精神层次的要求。例如，教堂、纪念堂和其他某些公共建筑需要有宏伟、崇高或神秘的气氛，这些都和人的精神感受有关。通过对建筑室内空间的体量、尺度、比例、形状、围合和质感等特性以及室内空间组织序列进行处理，可以创造出不同类型的精神感受空间。

建筑室内空间的体量和尺度过大，会使人产生宏伟、博大的感觉；过小，会使人感到压抑、沉闷；适度，则会使人感到亲切、适宜。（图3-13和图3-14）

图3-13 精神感受与室内空间一

图3-14 精神感受与室内空间二

3.3
文化行为与室内空间

一般来讲，同一时代的建筑会体现出一种与时代意识形态或文化行为相同的特征。同理，处于同一民族或地区的建筑，会共同体现出这一民族或地区的文化特征。

受宗教文化的影响，西方追求的是建筑在形体上对人的精神的影响。因此，西方国家常修建高大且坚固的教堂、宫殿，使外部空间成为衬托的背景，形成与环境截然孤立的空间范围。西方建筑空间文化更多地关注建筑的空间因素，即追求建筑形体的震撼性和建筑内部空间的立体性、雕塑性。（图3-15和图3-16）

由于受传统礼制和哲学文化的影响，中国建筑空间文化更多地关注等级化的体现。在群体建筑空间的塑造上，中国建筑空间文化追求的是院落空间序列的组合，以此来体现等级的不同。对于中国古代建筑，从造型和体量上看，无论是帝王宫殿还是传统民居，由于标准化形制的存在，单体建筑内部空间均以"间"为单位。不同等级的建筑具有不同的序列空间院落。人必须穿行游历整个群体空间，才能逐步体验其所要传达的精神感受。相对于西方建筑，中国传统建筑的空间感受不是可以直接把握的，需要在游历

图3-15　西方文化行为与室内空间一

图3-16　西方文化行为与室内空间二

的时间历程中体验。（图 3-17）

图3-17　中国文化行为与室内空间

　　到了现代，随着各国文化的交流、融合，建筑设计及理论向多元化发展。建筑空间设计关注的主流不再仅仅局限于有形形体元素的艺术结构和空间定位，而是更多地趋向对现代空间人文的、心理的多元化关怀，使建筑空间的创造更具有人性情感，更符合现代人对环境的审美需求，同时给人带来更多的精神愉悦和舒适感受。

思考与练习

　　1. 环境和人的行为之间的关系是怎样的？

　　2. 如何体验和评价环境？

第4章

室内色彩和照明设计

一、教学基本内容

本章系统地介绍了色彩的心理效应及室内色彩搭配、室内常用灯具的种类及运用，并穿插实际案例图片，将抽象、难理解的知识点具象化、形象化。

二、教学目标

本章通过多媒体课件教学、小组研讨等方法，使学生在吸收理论知识的同时，形成感性认识，并延伸到设计方案中，完成实践项目任务的训练。理论课程的学习不是最终的目的，本章的教学目标是提升学生学以致用的能力。

三、教学重难点

本章第一节介绍了色彩的心理效应及室内色彩搭配，其中室内色彩搭配是教学重难点；第二节介绍了室内常用灯具的种类及运用，其中灯具运用是教学重难点。通过对本章的学习，学生应掌握室内色彩搭配和灯具运用。

4.1
色彩的心理效应及室内色彩搭配

4.1.1　色彩的心理效应

任何一种设计都离不开色彩，色彩感受概括为七种，即冷暖感、轻重感、软硬感、强弱感、明暗感、宁静与兴奋感和质朴与华美感。这些感受取决于色彩本身的维度（明度、纯度和浓度）。

（一）色彩的冷暖感

色彩的冷暖，不仅与色光的物理特性有关，还与人们对色光的印象和心理联想有关，而眼睛对色彩冷暖的判断，主要依赖心理联想。色彩的冷暖感与人的生活经验和心理联想有联系。从色彩心理学角度考虑，红色、橙色和黄色属暖色，蓝绿色、蓝紫色属于冷色，黑色、白色、灰色、绿色和紫色属于冷暖中性色。（图4-1和图4-2）

图4-1　色彩的暖感　　　　　　　　图4-2　色彩的冷感

色彩的冷暖给人的视觉感受是不同的。暖色给人一种靠前的感觉，具有迫近感或膨大感；冷色给人一种向后的感觉，具有后退感或收缩感。所以，可以利用色彩的冷暖来影响室内空间扩大或缩小的空间感，从视觉感受上调节各种不同功能的空间的大小。

（二）色彩的轻重感

色彩的轻重感是指由于受色彩的刺激，人们感觉事物或轻或重的一种心理感受。一般来说，暖色给人软软的、轻轻的感觉，冷色给人向下沉的感觉；明度高的颜色给人轻快的感觉，明度低的颜色给人沉重的感觉。

图4-3　色彩的明暗感

（三）色彩的明暗感

色彩的明暗感主要与人们的生活经验和心理联想有关。浅色给人明亮的感觉，深色给人灰暗的感觉。因此，看到白色、黄色、橙色等浅色，人们一般会想到白天，感到轻快明朗；而看到深色，如紫色、青色和黑色等重色（冷色），人们一般会想到黑夜，产生心理上的灰暗感。（图4-3）

（四）色彩的宁静与兴奋感

每种色彩都有自己独特的语言，如红色鲜艳明朗，有激起人们兴奋感的作用；蓝色让人冷静、理性，具有平静心灵的作用。因此，像红色、橙红色、黄色和红紫色等这些让人产生刺激感和兴奋感的色彩，多用于娱乐场所、酒店和其他商业空间等，用以吸引人们的兴趣；白色、青色、绿色和粉色等色彩让人产生亲近感，可以给人带来平静的感觉，符合优雅、宁静的室内空间的设计需求。（图4-4和图4-5）

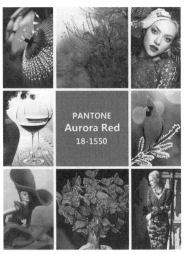

图4-4　色彩的兴奋感

图4-5　色彩的宁静感

4.1.2　室内色彩搭配

室内色彩搭配直接影响着室内空间的效果，所以好的色彩还需要好的搭配。

（一）室内色彩的分类、关系、基本要求和设计原则

1. 室内色彩的分类

（1）背景色。在室内空间中，以大面积的色彩作为背景色。背景色起衬托室内其他一切物件的作用。

（2）主体色。在室内空间中在大面积色彩的衬托下，在室内占统治地位的家具的颜色为主体色。

（3）强调色。在室内背景色和主体色给人和谐的感觉的基础上，可以加上一些装饰色和点缀色（统称为强调色）。强调色的面积较小，只是起调节色彩的作用。（图4-6）

2. 室内色彩的关系

在室内环境中，色彩的关系实质上就是背景色、主体色和强调色三者之间的搭配关系。

3. 室内色彩的基本要求

（1）充分考虑功能要求，包括室内空间的使用目的、人的性格特征和年龄，使设计更加科学化、艺术化。

（2）符合构图的形式美法则。

（3）注意色彩与材料和照明的配合。质感不同，色彩也不同；充分运用材料本色，以体现出自然、清新的装饰特点。

（4）把握色彩的地域性和民族性。

图4-6　室内色彩

4. 室内色彩的设计原则

当进行室内环境设计时，确定好室内的风格特征后，就要考虑室内色彩的搭配，根据一个整体的室内色彩搭配方案来确定装修材料以及室内家具和饰品的选择。

室内色彩搭配有以下几个技巧与原则。

（1）选择色彩时，最好不要超过三种，其中白色、黑色不算。

（2）选择色彩时，可以考虑金色、银色，因为金色、银色可以加强空间的层次感，同时它们可以与任何其他颜色相搭配。

（3）室内居住空间最好选择明、暗、灰三个层次的色彩，如墙面选择浅色，家具选择深色，地面选择深浅在上述二者之间的颜色。

（4）对于喜欢现代风格的客户，可以选择色彩明快的颜色，而且采用素色的设计。

（5）选择色彩时，要考虑室内空间的特性。有些室内空间是连续的，这个时候色彩最好是一致的或者是相近的，这样整体感更强。如果室内空间与室内空间之间是相互独立的，这时可为不同的室内空间选择不同的色彩。

（6）厨房与热有关，人在厨房中容易躁动，所以厨房尽量不要使用暖色调，尽量选择让人平和的颜色。（图4-7）

图4-7　厨房用色

（二）室内色彩的设计方法

室内色彩设计受多方面因素的影响。进行室内色彩设计时，首先要考虑室内空间的特性。室内空间的使用特性和空间物理的特性，以及室内空间的结构、大小、朝向、周围环境、地域等都会对室内色彩设计产生影响。同时，不同的人对色彩的喜好和接受范围不同，所以室内色彩设计较复杂。室内色彩表现为多色性，各部分色彩之间的关系复杂，它们既相互联系又相互制约。

1. 统一处理的方法

在室内空间中，色彩与色彩之间根本的关系是和谐。各种色彩相互作用于室内空间中，色彩的色相、明度和纯度相接近，会产生统一感，但要避免过于相似、单调。

图4-8　以满足室内空间功能为主的色彩

2. 以满足室内空间功能为主的方法

室内空间功能不同，色彩搭配的要求也不同。办公空间、居住空间等室内空间考虑到使用人群的特征，一般使用纯度较低的色彩，以产生一种安静、柔和和舒适的空间气氛；使用纯度较高、鲜艳的色彩，可获得一种欢快、活泼与愉快的空间气氛。（图4-8）

3. 考虑人的情感因素的方法

色彩搭配要以人为本，根据使用者的性格和年龄判断其对色彩的喜好。不同的色彩会给人带来不同的感觉，所以在确定居室与饰物的色彩时，要考虑人的感情因素。通常外向型性格的人对色彩较敏感，喜欢对比色、暖色；内向型性格的人对色彩的感觉较弱，喜欢同类色、冷色；年轻人喜欢纯度高的色彩，老年人喜欢平和的素色，儿童适合纯度较高的色彩。

4. 对比配色法

对比配色法的原理与调子配色法的原理相似。搭配色彩时，选用对比色，以某一颜色为主体色，通过明度或者纯度调节将其应用于不同的界面，然后选择以主体色的对比色为强调色，用以在空间中起到强调和点缀的作用。

5. 风格配色法

室内环境设计的风格多种多样，每种风格都有其独特的具有代表性的色彩。进行室内环境设计时，应根据不同的历史文化时期的风格特征和空间需求，有针对性地选择与风格统一的色彩，这样比较容易达到设计意图，较简洁地体现设计底蕴。（图4-9和图4-10）

图4-9　风格配色法一　　　　图4-10　风格配色法二

4.2
室内常用灯具的种类及运用

我们的生活离不开光,在室内环境设计中,光的作用更为重要。光不仅能满足人们视觉功能的需要,而且是空间美的创造者。因此,室内照明是室内环境设计的重要组成部分之一,在设计中应重点考虑。

4.2.1 室内常用灯具的种类

室内常用灯具主要有以下几种。

(一) 吊灯

吊灯是悬挂在室内屋顶上的照明工具,经常用于大面积范围的照明。吊灯的造型、大小、质地和色彩对室内空间气氛的影响非常大,因为它是室内空间的主要照明工具,即它是主灯。在选用吊灯时,应选择与室内环境相协调的吊灯。(图 4-11)

图4-11 吊灯的运用

(二) 吸顶灯

吸顶灯是直接安装在天花板上的一种固定式灯具,一般也作为室内空间的主要照明工具使用。它通常采用间接照明方式,光线较柔和,造型丰富。

(三) 壁灯

壁灯造型丰富、款式多变。壁灯不宜过亮,这样更富有艺术感染力。壁灯光线浪漫、柔和,可把环境点缀得优雅、富丽、温馨。壁灯的款式应根据墙面色彩和整体室内空间而定。

(四) 台灯

台灯主要用于局部照明,书桌上、床头柜上和茶几上都可用台灯。它不仅是照明器,又是很好的装饰品,对室内空间起美化作用。在选择台灯的时候,应考虑台灯的使用场所。

(五) 落地灯

落地灯主要用于重点照明,即对室内空间某一区域进行照明,通常用于角落气氛的营造。它一般设置在沙发和茶几附近,作为待客、休息和阅读的照明工具使用。落地灯对于空间的塑造既有功能性又有趣味性。

(六) 射灯

射灯主要起装饰作用,通常用丁重点照明和局部照明,适用于各类场所。选择射灯

图4-12 射灯的运用

时，要考虑射灯的外形、档次和所产生的光影效果是否适合这个室内空间所需的氛围。（图4-12）

（七）日光灯

日光灯又称荧光灯，主要用于公共空间。日光灯最大的特点是光亮、节能、散射和无影。它是典型的用于一般照明的灯具，装饰效果较差。

（八）格栅灯

格栅灯的种类很多，一般根据安装方式不同将其分为嵌入式格栅灯和吸顶式格栅灯。格栅灯明亮、节能，可以提高灯具使用效率，广泛地应用于办公场所。

4.2.2　室内照明的层次和基本设计要点

（一）室内照明的层次

1. 整体照明

室内空间第一个层次的照明一般是整体照明。整体照明使室内空间具备了基础的照明。它的特点是，光线比较均匀，能使室内空间显得明亮和宽敞。通常不需要特别集中注意力的活动区域，如闲谈、淋浴和家居等场所，采用中低照度的整体照明；而教室、办公室、图书馆和车站等，需要选择中高照度的整体照明。

2. 局部照明

室内空间第二个层次的照明是局部照明。它是指在工作的地方设置光源，使照明水平能适应不同变化的需要。要注意，使用局部照明时，工作的地方与周围环境的亮度对比强烈，单独使用这种照明时易产生眩光，使人视觉疲劳。（图4-13和图4-14）

图4-13　局部照明一　　　　　**图4-14　局部照明二**

3. 装饰照明

室内空间第三个层次的照明是装饰照明。它是为创造视觉上的美感而采取的特殊照明方式。装饰照明一般是为了提高活动时的情调，或表现某装饰材料的质感而采取的照明方式。

（二）室内照明的基本设计要点

（1）舒适性。

（2）艺术性。
（3）统一性。
（4）安全性。

4.2.3　室内照明的艺术性

室内照明设计是一门集技术和艺术为一体的工程，属于室内环境设计中技术含量和艺术含量最高的部分。在现代建筑室内环境设计中，照明不仅起功能作用，还可以形成室内空间、改变室内空间或者破坏室内空间，直接影响人对室内空间的大小、形状、质地和色彩的感知。所以，只有综合地考虑照明与室内空间和其他物品的结合方式，综合地进行艺术处理，照明才能满足室内空间的功能和装饰要求。

1. 丰富室内空间内容

在室内空间的层次设计中，可通过运用人工光源的投射、虚实和隐现等手法控制光的投射角度和光的构图秩序来营造室内空间氛围。这也是快速提升室内空间艺术氛围最简单、最直接的手段。同时，照明也可以限定室内空间的区域、强调重点部位和创造不同的室内空间氛围。因此，照明除了满足最基本的照亮功能外，还能丰富室内空间内容。另外，还可以通过光的变化来使室内空间表现出不同的效果。一般来说，室内空间的开敞性与灯光的亮度成正比，亮的房间感觉大些，暗的房间感觉小些，采用漫射光进行整体照明也会使人产生室内空间有扩大的感觉。照明还可以改变室内空间实和虚的感觉。

2. 渲染气氛

灯光的色彩和灯具的造型用于渲染室内空间气氛，能够收到非常明显的效果。不同类型的灯具对室内空间的装饰作用不同。利用灯光的颜色和室内色彩能营造出不同的氛围。暖色的灯光表示愉悦、温暖、华丽的格调，能增加室内空间快乐、温馨的气氛；冷色的灯光表示宁静、高雅、清爽的格调，室内空间会显得恬静、淡雅。在不同光照环境下形成室内空间某种特定的气氛即形成视觉环境色彩，要考虑主光源色光与次光源色光之间的相互影响、相互作用。例如，在以暖色调为主的室内空间中，用荧光灯照明，灯管所发出的青蓝色光较多，会给鲜艳的颜色蒙上一层灰暗的色调，从而使室内空间温暖的气氛遭到破坏；而用暖色的白炽灯，可以使室内空间的温暖基调得到加强。反之，在以冷色调为主的室内空间里使用暖色调的光源，会破坏室内空间宁静、高雅的气氛；强烈的多彩照明，如用霓虹灯、各色聚光灯，可以把室内空间的气氛活跃起来，增强繁华、热闹的节日气氛。

3. 光影艺术

光影本身就是一门特殊的艺术。在照明艺术中，人们能更加深刻地体会到光影的独特之处。进行照明设计时，应充分利用各种照明装置，以形成生动的光影效果，丰富室内空间的内容。处理光影的手法有很多，不仅可以以表现光为主，而且可以以表现影为主，还可以光影同现。光影造型千变万化，只有采取恰当的表现形式，才能突出主题思想，丰富室内空间的内涵。这也是获得良好的照明艺术效果的前提。

思考与练习

1. 儿童房的色彩设计应注重什么？男孩房和女孩房各自的色彩设计特点是什么？
2. 客厅中灯具的运用需要注意些什么？

第 5 章

室内装饰材料的运用

★**教学引导**

一、教学基本内容

本章系统地介绍了室内装饰材料的作用、分类和选用，重点介绍了常用室内装饰材料，以及其质地和质感在室内环境设计中的运用。本章中穿插有各类室内装饰材料的图片和部分室内装饰材料在实际设计、运用中的图片，使知识点得以具体化、生动化。

二、教学目标

本章通过多媒体课件教学、小组研讨等方法，使学生了解室内装饰材料在室内装饰工程中的作用，掌握常见室内装饰材料的性能和规格等；使学生在吸收理论知识的同时，形成感性认识，并延伸到对材料的认识，完成实践项目任务的训练。理论课程的学习不是最终的目的，本章的教学目标是，使学生全面掌握常用室内装饰材料的性能特点、选材要求和质感设计，实现实践项目任务的化解，提升完成任务的能力。

三、教学重难点

本章第一节介绍了室内装饰材料的作用、分类和选用；第二节对常用室内装饰材料进行了详细介绍；第三节重点讲解了材料材质和质感的运用，是知识点较难理解的一节。本章教学的重点是使学生掌握室内装饰材料的运用部位及实际工程实例中室内装饰材料的功能性和装饰性，并能在设计创意中灵活运用各种室内装饰材料进行搭配、设计和表现。通过对本章的学习，学生对室内环境设计工作的认知应有所加深，学以致用的能力应有所提升。

5.1
室内装饰材料概述

室内装饰材料，又称室内饰面材料，是指主体建筑完成后，对建筑室内空间进行功能划分和美化处理而形成不同的装饰效果所需用的材料。具体来讲，室内装饰材料是指主要用于建筑室内空间墙面、柱面和地面等界面的基层材料。室内装饰材料是室内环境设计重要的物质基础，是实现室内空间使用功能和装饰效果的必要条件。室内装饰工程的实际效果往往是通过室内装饰材料和配套产品的质感、色彩、图案、加工工艺和尺寸等因素来体现的。（图 5-1 和图 5-2）

图5-1 室内装饰材料运用案例一

图5-2 室内装饰材料运用案例二

室内装饰材料不仅能改善室内的艺术环境，使人们得到美的享受，而且兼有防水、耐酸碱侵蚀、绝热、防潮和防火等多种实用功能，同时还能承受环境冷热的变化，延长建筑的使用寿命以及满足某些特殊功能，是现代建筑室内装饰不可缺少的物质元素。

当今市场上新型材料层出不穷，设计者只有熟悉各种室内装饰材料的性能和特点，按照室内空间的性质和使用要求，合理地选用室内装饰材料，才能做到物尽其用，更好地表达设计意图，体现出室内装饰效果。

针对室内装饰工程的需要及装饰行业新材料的流行与应用等问题，本章重点介绍室内装饰工程中常用的室内装饰材料和新型室内装饰材料。

5.1.1 室内装饰材料的作用

（一）美化功能

装饰的本意就是美化，装饰工程最明显的效果就是装饰美。运用室内装饰材料，既可以使人们得到美的享受，也可以促进人们的身心健康。通过对室内装饰材料的质感、纹理、花纹和颜色进行搭配，能使建筑室内空间获得艺术价值和文化价值。（图5-3和图5-4）

图5-3　室内装饰材料材质的运用案例一　　　　图5-4　室内装饰材料材质的运用案例二

（二）实用功能

室内装饰材料能起到绝热、防潮、防火、吸声和隔音等多种功能，并能保护建筑主体结构，满足建筑室内空间的基本功能。例如，厨房、卫生间的地面应有防滑、防水的作用，公共空间的隔墙必须能够防火和隔音，不同部位的室内装饰材料应该满足不同的功能需求。

（三）保护功能

室内装饰材料主要用于各种墙体的表面，人们的生活环境常常会受到空气中的水分、酸碱物质、尘埃的侵蚀和阳光的照射，室内装饰材料能够形成一层保护层，保护建筑基体不受这些不利因素的影响。

美化功能、实用功能和保护功能不可顾此失彼，只有三者兼顾，才能达到完美统一，室内空间才能在总体上取得最佳的效果。

5.1.2 室内装饰材料的分类

现代装饰材料的更新换代异常迅猛，新材料、新品种层出不穷。目前室内装饰不仅要满足简单装修要求，还需要对设计的表现起到强化和丰富的作用。虽说新材料生产和研发日新月异，但材料的基本性能是不变的。一般按材质、功能和装饰部位对室内装饰材料进行分类。

（一）按材质

按材质，室内装饰材料分为石材、木材、金属、陶瓷、玻璃、无机矿物、塑料、涂料和纺织品等。

（二）按功能

按功能，室内装饰材料分为吸声隔音材料、采光材料、保温材料、隔热材料、防水材料、防潮材料和防火材料等。

（三）按装饰部位

按装饰部位，室内装饰材料分为墙面装饰材料、顶棚装饰材料和地面装饰材料等。室内装饰材料往往依附其他建筑材料，尤其是结构材料而存在。

5.1.3 室内装饰材料的选用

室内装饰材料的选择直接影响建筑室内空间的使用功能和装饰效果。室内装饰的目的就是创造一个自然、和谐、舒适且整洁的环境，材料的选择是设计创意过程中不可缺少的一个环节。不同的材质体现不同的空间个性，材质极大地影响着室内空间的效果。室内装饰材料的选用应从室内装饰材料装饰的部位、建筑所处的地域及其气候环境、场地和空间的大小、民族习惯和个人信仰、经济条件等几方面综合考虑，做到对室内装饰材料运用自如。

室内装饰工程的装饰效果在很大程度上取决于所用室内装饰材料的功能、外观、经济性、色彩和造型尺寸等，而室内装饰材料的功能与效果通过其基本特征来展现。在选择具体部位所用的室内装饰材料时，应综合考虑室内装饰材料的多项性能。室内装饰材料的选用原则如下。

（一）实用原则

根据室内空间的具体使用功能、环境条件和室内装饰材料的使用部位，室内装饰材料应符合防水、防滑、防腐、抗冲击、耐磨、抑制噪声等具体要求。

（二）美观原则

不同的材料对人的感官的刺激有很大的区别，室内装饰材料的形状、色彩、质地、图案及轻重、冷暖、软硬等属性，会引起人们不同的生理、心理反应，室内装饰材料的选择应符合人的生理和心理要求。室内空间环境氛围和情调的形成，在很大程度上取决于室内装饰材料本身的形式、特点，即取决于室内装饰材料本身的天然属性、对室内装饰材料的人为加工和不同施工所成的外观特点。

（三）经济原则

室内装饰材料的经济性涉及室内装饰材料的价格、可加工性和后期的保养等问题。就我国目前的消费水平而言，美观、适用、耐久、价格适中的室内装饰材料在今后较长时间仍占市场的主导地位。

（四）安全、节能、环保原则

设计者有责任避免使用对人体健康有害及具有潜在危险的室内装饰材料，如含有较高放射性的元素的石材、过于光滑的地材、易燃的室内装饰材料和容易散发有毒气体的不合格或劣质的室内装饰材料等。另外，设计者还应考虑原料的来源，避免使用珍稀动植物作为室内装饰材料，避免过度的能耗，以维持地球生态的平衡和稳定。

5.2
常用室内装饰材料介绍

室内装饰的目的是美化室内空间环境，获得具有较好的使用性和欣赏性的空间效果。室内空间环境的装饰效果在很大程度上取决于室内装饰材料的选择与应用。设计者通常利用室内装饰材料的色调、质感、形状、尺寸、工艺和手段，来打造不同的室内装饰效果。因此，室内装饰材料材质及室内装饰材料配套产品的选择与应用应和整体室内空间环境相协调，在功能内容上与室内艺术形成统一，要充分考虑到整体室内空间环境室内空间的功能划分、室内装饰材料的外观效果、室内装饰材料的功能性和室内装饰材料的价格等问题。

5.2.1 石材

按形成方式的不同，石材可分为天然石材和人造石材两大类。天然石材是指天然岩石经过荒料开采、锯切、研磨、酸洗和磨光等工艺加工而成的装饰材料。天然石材由于不仅具有较高的强度、硬度和较好的耐磨性、耐久性等优良性能，而且具有丰富多彩的天然纹理，美观而自然，受到人们的青睐。天然石材主要分为大理石和花岗石两种。人造石材包括水磨石、人造大理石、人造花岗岩和其他人造石材。与天然石材相比，人造石材具有质量轻、强度高、耐污、耐磨和造价低廉等优点，是一种有发展前景的装饰材料。（图5-5和图5-6）

（一）天然石材

天然石材是人类比较早利用的装饰材料之一。世界上许多古建筑都是用天然石材建造而成的，如古埃及的金字塔、古希腊的雅典卫城、古罗马的角斗场和意大利的比萨斜塔等。我国传统建筑中也有石窟、石塔和石墓等全石建筑，但天然石材更多地用于建筑的台阶、基座和栏杆等处。天然石材有很多的优点，它不但外观可传达自然纹理、色泽和质感等信息，还有结构致密、坚实、耐水和耐磨等物理性能，不易损毁于天灾和人

图5-5　石材的运用案例一

图5-6　石材的运用案例二

祸，也正是因此，很多石构建筑得以保存至今。虽然今天可供选择的建筑材料层出不穷，但天然石材仍被广泛用于室内的墙面、地面、柱面、楼梯踏步和各种台面板等处。（图5-7和图5-8）

图5-7　天然石材——大理石的运用案例一

图5-8　天然石材——大理石的运用案例二

从花纹角度来说，凡是有纹理的天然石材统称为大理石，图案以点斑为主的天然石材称为花岗石。大理石硬度不高，比花岗石软。

1. 大理石

大理石是大理岩的俗称，它是石灰岩经过地壳内高温、高压作用而形成的变质岩，通常呈层状，有明显的结晶和纹理。大理石一般都含有杂质，而且碳酸钙在大气中受碳化物和水汽的作用，容易风化和溶蚀，从而使表面很快失去光泽。大理石比较软，表面有细孔，所以在耐污方面比较弱。

大理石板材的硬度较低，在地面上使用，磨光面易损失，因此一般情况下不将大理石板材用于室内地面和室外（只有少数的品种，如汉白玉、艾叶青等杂质含量少、比较稳定和耐久的品种可用于室外）。多数天然大理石抗风化性较差，耐候性不强，易受酸雨等侵蚀而失去光泽，甚至会出现斑点。

大理石给人以高贵、典雅的视觉效果，在室内装修中常用在公共建筑室内柱面、栏杆、窗台板和服务台面等部位。大理石板材很少用于墙面装饰，主要是因为在墙面装饰中大理石的施工操作技术要求很高。另外，大理石可用于制作各种装饰品，如壁画、屏风、座屏、挂屏和壁挂等，还可用来拼镶花盆和镶嵌高级硬木雕花家具。（图5-9和图5-10）

图5-9　天然石材——大理石的运用案例三　　　图5-10　天然石材——大理石的运用案例四

2. 花岗石

花岗石属火成岩，俗称麻石，质地坚硬，耐酸碱性、耐腐蚀性、耐高温性、耐光照性、耐冻性、耐摩擦性和耐久性好，外观色泽可保持100年以上，但耐火性较差。花岗石色彩丰富，晶格花纹均匀细致，经磨光处理后光亮如镜，质感强，有华丽、高贵的装饰效果。

花岗石板材的表面加工程度不同，有的质感粗糙，有的质感细腻。一般来说，镜面板材和细面板材表面光滑，多用于室内墙面和地面装饰，也用于部分建筑的外墙面装饰，铺贴后整齐厚重，有富丽堂皇之感；粗面板材表面质感粗糙，不易风化变质，主要用于室外墙基础和墙面装饰，给人一种古朴、回归自然的亲切感。（图5-11~图5-13）

图5-11　花岗石一　　　　图5-12　花岗石二　　　　图5-13　花岗石三

花岗石板材加工工艺不同，外观效果也不同。根据表面的加工工艺不同，花岗石板材可分为以下三种。

（1）细面板材：表面平整、光滑。

（2）镜面板材：经过抛光处理，表面平整，具有镜面光泽。目前这种板材使用较多。

（3）粗面板材：表面平整、粗糙，防滑效果好，包括具有较规则加工条纹的机刨板、剁斧板、锤击板和火烧板等。粗面板材还可以加工成剔凿表面、蘑菇状表面等。

（二）人造石材

人造石材在国外有 70 多年的历史。1948 年，意大利就已成功研制出水泥型人造石材。1958 年，美国开始制造人造大理石。到 20 世纪 70 年代，人造石材逐渐普及。我国于 20 世纪 70 年代末从国外引进技术开始生产人造石材。人造石材作为一种新型室内装饰材料，正在被广泛应用于室内装饰工程。

1. 聚酯型人造石材

聚酯型人造石材是以不饱和聚酯树脂为胶合剂，将天然大理石碎石、石英砂、方解石、石粉和其他有机填料按一定的比例配合，再加入催化剂、固化剂和颜料等外加剂，经混合搅拌、固化成型、脱模烘干和表面抛光等工序而制成的。聚酯型人造石材色泽均匀、结构紧密、耐磨、耐水、耐寒、耐热，但在色泽和纹理上不及天然石材美丽、自然、柔和，常用于室内外地面、墙面和柱面装饰。

聚酯型人造石材具有以下特点：花色品种多，色泽鲜艳，装饰性好；质量轻，强度高，厚度薄，耐磨性较好；耐腐蚀性、耐污染性好；耐热性较差，会老化；加工性好。（图 5-14~ 图 5-16）

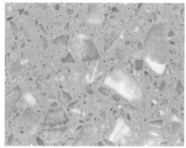

图5-14　聚酯型人造石材一　　　图5-15　聚酯型人造石材二　　　图5-16　聚酯型人造石材三

2. 水磨石

水磨石以普通硅酸盐水泥、白水泥或彩色水泥为胶结材料，以碎大理石、花岗岩或工业废渣等为粗骨料，以砂为细骨料，以水泥和石灰粉为黏结剂，经搅拌、成型、蒸养、磨光和抛光后制成的一种人造石材地面材料。水磨石原料丰富，价格较低，施工工艺简单，装饰效果好，广泛用于室内外装饰工程中。

现今普遍使用防静电水磨石。此类水磨石性能优于传统水磨石，工艺简单、施工灵活、不燃烧、不起尘、不吸潮、无异味、无任何环境污染，防静电性和耐磨性较好。水磨石具有耐磨、便于洗刷的优点，常用于人流集中的学校教室的地面、工厂车间地面、大房间地面、厨房地面和卫生间地面等。由于天然石材和陶瓷墙地砖的普遍使用，水磨石这种材料在室内装饰工程中已不多见。（图5-17和图5-18）

图5-17　水磨石的运用案例一　　　　　图5-18　水磨石的运用案例二

3. 蒙特列板

蒙特列板可归于人造大理石类，它由天然矿石粉、高性能树脂和天然颜料聚合而成，具有仿石质感和仿石效果，表面光洁如陶瓷，并且可像木材一样加工。

4. 艺术石材

艺术石材由精选硅酸盐水泥、轻骨料和氧化铁混合加工倒模而成。艺术石材是再造石材，无论是在质感上、色泽上，还是在纹理上，均与真石无异，而且不加雕饰，富有原始、古朴的雅趣。艺术石材具有天然石材的优美形态和质感，质量轻，安装简便。

5. 微晶石

微晶石也称微晶玻璃，在国外已有近60年的时间。它是一种采用天然无机材料，运用高新技术经过两次高温烧结而制成的新型环保高档建筑装饰材料，具有比天然石材更高的强度。它集中了玻璃和陶瓷的特点，但性能超过它们，在机械强度、耐磨损、耐腐蚀、电绝缘性、介电常数、热膨胀系数、热稳定和耐高温等方面均远优于现有的工程结构材料（陶瓷、玻璃、铸石和钢材等）。与天然花岗石、天然大理石相比，微晶石具有更好的装饰效果。近年来，微晶石是室内装修行业流行的装饰材料。它华贵典雅、色泽美观、耐磨损、不褪色、无放射性污染，经常用于大型建筑室内外装饰，是现代建筑装饰首选之石。（图5-19~图5-21）

5.2.2　木材

木材的使用几乎贯穿了人类的整个历史，它在建筑室内外装饰中应用最多，是历史最为悠久的材料之一。就目前所知，在约七千年前，中国河姆渡文化就已有干阑式建筑

图5-19　微晶石一　　　　　图5-20　微晶石二　　　　　图5-21　微晶石三

及其独特的加工工艺。后来，梁柱做法又进一步演变出复杂而独特的斗拱系统。这种集结构与装饰为一体的独特建筑体系，作为中国传统建筑的主体，被我们的祖先演化和发展到极致。几千年下来，木构建筑几乎就是中国建筑的同义词。（图 5-22 和图 5-23）

图5-22　木材的运用案例一　　　　　图5-23　木材的运用案例二

　　装饰木材包括木材、竹材和各种人造板材。木材具有许多的优良特性：质量轻，强度高，有良好的加工性，有较佳的弹性和韧性；有较好的绝缘、绝热和吸声性能。在外观上，木材所具有的天然纹路和自然韵味，使其适用于各种风格的装饰设计。木材美丽、自然的纹理和独特的质感是其他材料不可替代的。但木材具有构造不均匀性，在使用中易产生干缩湿胀的尺寸变化。而且，木材还有易燃、易腐和天然瑕疵多等缺点，在使用中应尽量注意。

　　尽管今天有许多更具优越性能的新型材料可供选择，木材仍然是当前主要的室内装饰材料之一。据统计，现代居室内，木材及木材加工品的用量为 50％~80％，如墙面、地面、吊顶龙骨及绝大部分的家具、门窗、栏杆和扶手等都离不开木材的使用。

（一）木龙骨

木龙骨俗称木方，是吊顶的支承骨架，承受吊顶的全部荷载。常用的吊顶龙骨有木龙骨和轻金属龙骨。木龙骨一般是用松木、椴木或杉木等树木加工而成的截面为长方形或正方形的木条，这些材料容易加工，并能够制成各种复杂造型，但由于易燃，表面需做防火处理。木龙骨常用的规格有 30 mm×30 mm、30 mm×40 mm 和 30 mm×50 mm。（图5-24 和图 5-25）

图5-24　木龙骨一　　　　　　　　　　　　图5-25　木龙骨二

（二）纤维板

纤维板又称为密度板，是以木材或植物纤维作为主要原料，经机械分离成单体纤维，加入添加剂制成板坯，通过热压或用胶粘剂组合而成的人造板。按照成型时温度和压力的不同，纤维板又可分为高硬质纤维板（高密板）、中硬质纤维板（中密板）和软质纤维板三种。高硬质纤维板可代替普通木板用于室内墙面、地面、门窗、家具等处；软质纤维板多用作吸声、绝热材料。

纤维板表面光洁、质地坚实、使用寿命超长，厚度主要有 3 mm、4 mm 和 5 mm 三种。纤维板表面经过防水处理，吸湿性比木材小，形状稳定性、抗菌性都较好，且含水率低，常用在建筑工程、家具制造和橱柜门芯装饰中，还可用作计算机室抗静电地板、护墙板、防盗门、墙板和隔板等的制作材料。（图5-26 和图 5-27）

图5-26　纤维板一　　　　　　　　　　　　图5-27　纤维板二

（三）细木工板

细木工板，俗称大芯板，它可通过胶粘剂、铁钉和射钉进行组接，作为其他贴面板材或者涂装的基材。细木工板是在两片单板中间粘压木板、外贴面板加工而成的。细木工板是目前室内装饰工程中较多使用的基层板，表面经过定厚砂光处理，平整光滑，用于装饰造型、制作家具时表面无须再贴面板，可以直接刷漆，省工省料，经济实惠。细木工板广泛用于板式家具、门窗套、门扇和地板等中。细木工板用于制作板式衣柜门扇或其他较大的门扇时，不宜采用通板作基材，而要锯成条块，以条块组成结构架，否则易翘曲变形。细木工板稳定性比实木板材强，但怕潮湿，施工中应注意避免在厨房、卫生间等潮湿环境中使用。（图5-28和图5-29）

图5-28　细木工板一

图5-29　细木工板二

（四）集成板

集成板又称指接板，它是一种新型的实木材料，是由宽度相等的小木板条交错拼接而成的大幅面板材。它一般采用优质木材，目前较多的是以杉木作为基材，经过高温脱脂干燥、指接、拼板和砂光等工艺制作而成。它克服了有些板材使用大量胶水粘接的工艺特性。目前，集成板广泛应用于中高档装修工程中，是室内装修最环保的装饰板材之一。（图5-30和图5-31）

图5-30　集成板一

图5-31　集成板二

（五）刨花板

刨花板是指由木刨花或木纤维及其他短小废料切削而成的木屑碎片，经过干燥，拌以合成树脂胶粘剂、硬化剂和防水剂等，在一定的温度、压力下压制而成的一种人造板，也称碎料板。刨花板在建筑装饰装修中主要用于隔断墙。另外，部分国内板式家具也利用刨花板制成。刨花板表面常以三聚氢胺饰面双面压合，经封边处理后，与中密板的外观相同。刨花板也是橱柜制作的主要材料。刨花板胶含量大，可用于制作直接安装的半成品建筑装饰板。（图5-32和图5-33）

图5-32 刨花板的运用案例一　　　　　图5-33 刨花板的运用案例二

5.2.3 地板

使用木材作为地面装饰材料已有几千年的历史了。木材由于具有独特的良好性能，至今仍然深受人们的喜爱，但木材不适合在过于潮湿的环境使用。目前，市场上出售的地板主要有实木地板、实木复合地板、强化复合地板、软木地板、竹地板、塑木地板和塑胶地板等。各种地板材质不同，生产工艺不同，装饰效果、价格和质量也不同。

（一）实木地板

实木地板是天然木材经烘干、加工而形成的地面装饰材料。实木地板采用天然木材制作而成，弹性好、脚感舒适、自重轻、温暖性好，给人以亲切、柔和的感受。由于具有冬暖夏凉、触感好的特性，实木地板成为卧室、客厅和书房等地面装修的理想材料。（图 5-34 和图 5-35）

图5-34 实木地板一　　　　　图5-35 实木地板二

（二）实木复合地板

实木复合地板一般分为三层实木复合地板、多层实木复合地板和细木工贴面地板三种。在多层实木复合地板中，有以多层胶合板为基层的多层实木复合地板，该类多层实木复合地板表面是花纹美观、色泽较好的硬木面层，中间层和底层采用软杂木，三层板以 90° 垂直交错热压成型，以提高平整度和尺寸稳定性。（图5-36 和图5-37）

图5-36　实木复合地板一　　　　　　　图5-37　实木复合地板二

实木复合地板是近几年流行的地面材料，是由不同树种的板材粉碎后，添加胶、防腐剂和其他添加剂后，经热压机高温高压处理而制成的，克服了实木地板单向同性的缺点。实木复合地板强度高、规格统一、板面坚硬耐磨、干缩湿胀率小，具有较好的尺寸稳定性，并保留了实木地板的自然木纹，同时克服了实木地板易变形、不耐磨、难保养的缺陷，而且脚感特别好。实木复合地板无须上漆打蜡，易打理，使用广泛，代表了地板的发展方向，是很好的环保材料。

（三）强化复合地板

强化复合地板由耐磨层、装饰层、基材层和防潮层四层结构组成。其中第一层即表面层为耐磨层。它是最关键一层，含有三氧化二铝，有很强的耐磨性和很高的硬度。三氧化二铝的含量制约着强化复合地板表面层的耐磨性。表面层是强化复合地板中最坚硬的一层。（图 5-38 和图 5-39）

图5-38　强化复合地板一　　　　　　　图5-39　强化复合地板二

（四）软木地板

软木地板价格昂贵，被称为"地板金字塔塔尖"，它是以软木为原料，经压缩、烘焙等加工而成的。软木是生长在地中海沿岸的橡树的保护层，即树皮（可再生，地中海沿岸工业化种植的橡树一般 7~9 年可采摘一次树皮）。软木地板所谓的软，其实是指软木地板的柔韧性非常好。软木地板可以降低脚步的噪声，降低家具移动的噪声，吸收空中传导的声音。软木地板的吸水率近于零，是理想的高级装饰材料。

软木地板不仅很柔软，而且具有很好的弹性。在一些欧美国家，儿童游乐场所常常选择铺设软木地板；在有些国家，儿童游乐场所铺设软木地板成为强制性规定。软木地板对于老年人的居室来说也是一个不错的选择。（图 5-40）

图5-40 软木地板的运用案例

（五）竹地板

我国是竹材生产的大国，有着丰富的竹类资源。因此，近年来国内采用竹材作为地板材料的发展势头相当迅猛。竹地板是由竹子经漂白、硫化、脱水、防虫和防腐等二十几道工序加工处理之后，再经高温、高压、热固、胶合和刷漆，最后经过红外线烘干而制成的。竹地板又分为竹质地板和竹木复合地板两种。竹地板品质稳定、冬暖夏凉，是用于住宅、宾馆和写字间等的高级装饰材料。（图 5-41 和图 5-42）

图5-41 竹地板

图5-42 竹地板运用案例

（六）塑木地板

塑木地板是指将 PP、PE 和 PVC 等树脂或回收的废旧塑料与锯木、秸秆和稻壳等，经特殊工艺制成基材，表面再经耐磨处理而制成的新型环保地板。塑木地板的规格有30 mm×105 mm×2 000 mm、30 mm×145 mm×2 000 mm 等。（图5-43和图5-44）

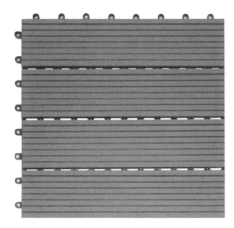

图5-43 塑木地板

图5-44 塑木地板的运用案例

（七）塑胶地板

塑胶地板是 PVC 地板、橡胶地板、亚麻地板、防静电地板和运动专用地板的统称。塑胶地板具有良好的装饰效果，脚感柔软、舒适，有各种颜色和纹理，并且可进行异形拼接，耐磨耐用，清洁卫生，不过其环保的问题有待于解决。塑胶地板广泛运用在公共场所，如幼儿园、泳池边、老年人活动中心、儿童游乐场、健身场所、机场和商场等。（图5-45和图5-46）

图5-45 塑胶地板

图5-46 塑胶地板的运用案例

5.2.4 玻璃

玻璃的制造工艺出现于公元前 2 000 年左右的中东地区。玻璃最早是运用在建筑中，它是一种坚硬、质脆的透明或半透明的固体材料，主要由石英砂、纯碱、长石和石灰石等原料经高温溶解、成型和冷却而制成。从化学的角度来看，玻璃的成分与陶瓷和釉料的某些成分相似。（图5-47和图5-48）

对于设计者而言，玻璃是一种重要的装饰材料。从外墙玻璃到室内的艺术玻璃，玻璃在建筑领域中的使用频率很高，人们越来越重视玻璃对居住空间的装饰美化作用。玻璃从过去的仅仅局限于空间的围护和采光功能，发展到具备节约能源、调节热量、控制噪声和提高安全性能等功能，玻璃的功能概念发生了根本性的改变。近年来，人们对玻

图5-47 玻璃的运用案例一　　　　　　　　图5-48 玻璃的运用案例二

璃在使用功能方面做了大量的创新，以使玻璃适应防火、隔音、隔热和安全上的严格要求。室内装饰工程中常用的玻璃如下。

（一）平板玻璃

平板玻璃即平板薄片装玻璃，是室内外装饰工程中最普通的常用玻璃品种之一，也是玻璃深加工（如钢化玻璃、镀膜玻璃）的基础材料。平板玻璃通常是透明、无色的，表面平整、光滑。也有表面是毛面，具有碎纹、罗纹或波纹的平板玻璃。平板玻璃有透光、隔音性能，还有一定的隔热性、保暖性。平板玻璃硬度高，抗压强度好，耐风压、耐雨淋、耐擦洗、耐酸碱腐蚀。

平板玻璃质脆、怕强震、怕敲击，安全性差。对于安全程度高的场所，建议使用钢化玻璃。平板玻璃的常用厚度有 3 mm、5 mm 和 6 mm。平板玻璃主要用于各种门窗、室内各种隔断、橱窗、橱柜、柜台、展台、展架、玻璃隔架和家具玻璃门等处，是使用较为广泛的一种玻璃材料。

（二）钢化玻璃

钢化玻璃产生于 20 世纪 60 年代，是利用物理或化学方法来提高平板玻璃的强度而得到的玻璃制品。钢化玻璃其实是一种预应力玻璃。钢化玻璃也是一种安全玻璃，不容易破碎，即使破碎，也会以无锐角的颗粒形式碎裂，大大降低了对人体的伤害。

钢化玻璃除具有普通玻璃的透明度外，还具有温度急变抵抗性好、耐冲击性好和机械强度高等特点。钢化玻璃的抗冲击强度和抗弯强度是同等厚度的普通玻璃的 3~5 倍。因此，钢化玻璃在使用中较其他玻璃相对安全。平面钢化玻璃常用于高层建筑门窗，以及商场、影剧院、候车室和医院等人流量较大的公共场所的门窗、隔墙等处。曲面钢化玻璃主要用于汽车车窗等处。（图 5-49 和图 5-50）

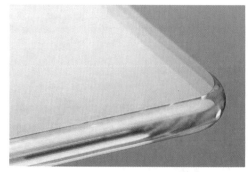

图5-49 钢化玻璃的运用案例一　　　　　　图5-50 钢化玻璃的运用案例二

（三）中空玻璃

玻璃是一种很差的绝热材料，而将两层或两层以上的平板玻璃用边框隔开，中间充以干燥的空气和惰性气体，四周边缘部分用胶结或焊接方法密封（其中胶结方法使用较为普遍），制成中空玻璃，则可以提高玻璃的绝热性。另外，中空玻璃还具有良好的隔音性能。一般中空玻璃可以使噪声下降 50 dB 左右，可以让室内空间保持相对的安静程度。一些欧洲国家还规定，所有建筑必须全部采用中空玻璃，禁止使用普通玻璃作窗玻璃。中空玻璃的保温、隔热等性能也较好。（图 5-51）

图5-51　中空玻璃

（四）磨砂玻璃

磨砂玻璃也称毛玻璃，是用机械喷砂、手工研磨或氢氟酸溶蚀等方法，将普通平板玻璃表面处理成均匀毛面而制成的。磨砂玻璃易产生漫射作用，物象透过却不变形，只有透光性而不透视。作为门窗玻璃，它可使室内光线柔和，没有刺目之感。磨砂玻璃常用于室内隔断处或者浴室、办公室等隐秘和不受干扰的空间。磨砂玻璃的厚度一般在9 cm 以下，以 5 cm、6 cm 居多。（图 5-52 和图 5-53）

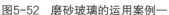

图5-52　磨砂玻璃的运用案例一　　　　图5-53　磨砂玻璃的运用案例二

（五）镶嵌玻璃

镶嵌玻璃是对许多经过精致加工的小片异形玻璃，用铜条或铜线加以镶嵌而制成的具有强烈的装饰效果的艺术镶嵌品。可以任意将各种性质类似的玻璃进行组合，再用金属丝条加以分隔，合理地进行搭配，以呈现不同的美感。镶嵌玻璃常给人富丽堂皇的感觉，并具有隔热、隔音和保温功能。镶嵌玻璃最初用于教堂装饰，如今彩色镶嵌玻璃广泛用于门窗、隔断、屏风和采光顶棚等处。

（六）冰花玻璃

冰花玻璃是一种对平板玻璃进行特殊处理后，形成的具有类似自然冰花纹理的玻璃。冰花玻璃的性能与压花玻璃、磨砂玻璃和喷砂玻璃的性能类似，但装饰效果优于压花玻璃、磨砂玻璃和喷砂玻璃的装饰效果，给人以清新之感。冰花玻璃可用无色平板玻璃制造，也可用茶色、蓝色、绿色等彩色平板玻璃制造。目前冰花玻璃最大规格尺寸为2 400 mm×1 800 mm。冰花玻璃可用于宾馆、酒店等场所的门窗、隔断和屏风处及家庭装饰。

（七）釉面玻璃

釉面玻璃是指在按一定尺寸裁切好的平板玻璃的表面上涂敷一层彩色的易熔化釉料，经过烧结、加热至釉料熔融后，进行退火或钢化等处理，使釉层与玻璃牢固地结合在一起而制成的具有美丽的色彩或图案的玻璃。可按用户的要求或艺术设计图案制作釉面玻璃。釉面玻璃分为透明釉面玻璃和不透明釉面玻璃两种。釉面玻璃具有良好的化学稳定性和装饰性，图案精美，不褪色，不掉色，易于清洗，广泛用于室内工程饰面层、门厅和楼梯间的装饰面层及建筑外墙的饰面层等位置。

（八）刻花玻璃

刻花玻璃是由平板玻璃经涂漆、雕刻、围蜡、酸蚀和研磨而制成的。刻花玻璃的制作工艺与压花玻璃的制作工艺类似，但图案立体感要比压花玻璃的强，刻花玻璃的图案似浮雕一般。将刻有文字或图案的玻璃作为装饰品，既美观又大方。刻花玻璃主要用于高档场所的室内隔断或屏风等处。刻花玻璃的表面图案丰富，图案立体感强，装饰效果好，被誉为"透明的画，立体的诗"。

（九）镜面玻璃

镜面玻璃又称磨光玻璃，是将平板玻璃进行抛光而制成的反射率极强的镜面反射玻璃。它分为单面磨光玻璃和双面磨光玻璃两种，表面平整、光滑且有光泽。镜面玻璃简单来说就是能够透过玻璃的一面看到对面的景物，而从这块玻璃的另一面根本看不到对面的景物，就是我们日常生活中使用的镜子。在装饰工程中，常利用镜子的反射和折射来增加空间距离感，或改变光照的强弱效果。（图5-54和图5-55）

图5-54　镜面玻璃的运用案例一　　　　　图5-55　镜面玻璃的运用案例二

(十) 压花玻璃

压花玻璃是在急冷中用带花纹图案的辊轴滚压熔融的玻璃液而制成的，也称花纹玻璃或滚花玻璃。压花玻璃的表面有各种花纹图案且凹凸不平，当光线通过时产生漫反射，具有透光不透视的特点。压花玻璃不但图案具有装饰功能，其表面的凹凸不平还会使透过的形象歪曲而模糊不清，利于形成私密性。压花玻璃表面花纹图案丰富，除了有单面压花外，还有双面压花，表面花纹图案可根据审美情趣来选择，兼具使用和装饰功能，具有一定的艺术效果。压花玻璃多用于办公室、会议室和浴室以及公共场所分隔空间的门窗和隔断等处。

(十一) 琉璃玻璃

琉璃玻璃是将玻璃烧熔，加入各种颜色，在模具中冷却成型而制成的一种玻璃制品。琉璃玻璃色彩鲜艳，装饰效果强，但尺寸、规格都很小，价格相对同类产品较高，多用在豪华场所背景墙装饰中。

(十二) 玻璃砖

玻璃砖在问世的 20 世纪 30 年代非常流行，现在再度兴起。玻璃砖的外观呈矩形和各种异形。玻璃砖又称特厚玻璃，分为实心和空心两种，具有无色、透明、耐冲击和机械强度高等特点。玻璃砖内部质量好，加工精细，主要用于砌筑透光的墙体，适于高级宾馆、影剧院、展览馆、酒楼、商场和银行的门面和玻璃墙使用，也可用于橱窗、柜台和展台等大型玻璃展架，尤其适用于高级建筑、体育馆等需要控制透光、眩光和太阳光的场合。（图 5-56 和图 5-57）

图5-56　玻璃砖的运用案例一　　　　　图5-57　玻璃砖的运用案例二

(十三) 玻璃马赛克

玻璃马赛克又称玻璃锦砖或玻璃纸皮砖，是一种小规格的彩色饰面玻璃。它一面光滑，另一面有槽纹，能与水泥很好地黏结在一起。玻璃马赛克具有耐碱、耐酸、耐温、耐磨、防水、硬度高和不褪色的优良性能，可以拼成各种颜色的漂亮混色，热稳定性好。玻璃马赛克分为透明、半透明和不透明三种，颜色绚丽，色泽众多。玻璃马赛克形状各异，一般尺寸有 20 mm × 20 mm、25 mm × 25 mm、50 mm × 50 mm 和 100 mm × 100 mm 等。玻璃马赛克常用在游泳池、喷水池、浴池、体育馆、厨房、卫生间、客厅和阳台等处，用以营造一种豪华和素雅的立体空间氛围。（图 5-58 和图 5-59）

图5-58　玻璃马赛克的运用案例一

图5-59　玻璃马赛克的运用案例二

（十四）镭射玻璃

镭射玻璃是以玻璃为基材的新一代建筑装饰材料。它的特征在于，经特种工艺处理，玻璃背面出现光栅，在太阳或灯具等光源的照射下，形成物理衍射分光，出现艳丽的七色光，且在同一感光点会因光线入射角的不同而出现色彩变化，给人以华贵高雅、富丽堂皇和迷离神奇的感觉。镭射玻璃的装饰效果是其他建筑装饰材料无法比拟的。镭射玻璃的颜色有银白色、蓝色、灰色、紫色、绿色和红色等多种。它适用于各种商业、文化和娱乐等设施的装饰。

（十五）聚晶石玻璃

聚晶石玻璃逐渐成为现代建筑装饰、室内建材、家具装饰、居家装修和高尚设计的最新趋势，反映了现代市场对先进建材的一种时尚需求。聚晶石玻璃能显示特别的视觉效果和颜色的光泽，无须保养而可永久耐潮湿。聚晶石玻璃具有抗腐蚀、抗真菌、耐酸碱、耐热和热火等功能，广泛应用于室内装饰和装修。（图 5-60 和图 5-61）

图5-60　聚晶石玻璃

图5-61　聚晶石玻璃的运用案例

5.2.5　陶瓷

陶瓷也是一种历史悠久的材料，主要是以黏土及其他天然矿物为原料烧制而成的，既具有造型上的灵活性又具有造型上的耐久性。我国是世界闻名的陶瓷古国，陶瓷生产历史悠久，成就辉煌，为人类的文明和发展做出了巨大的贡献。目前，意大利建筑陶瓷的生产和销售处于世界领先地位。

（一）内墙釉面砖

内墙釉面砖俗称瓷砖，又称为内墙面砖，是指表面烧有釉层的陶瓷砖。由于有釉层，内墙釉面砖可封住陶瓷坯体的孔隙，使得其表面平整、光滑，而且不吸湿，提高了防污效果。近年来，彩色内墙釉面砖种类繁多，砖表面大多有美观、艳丽的釉色和图案。设计者设计出不同的色彩和凹凸的肌理，利用质感变化，以及不同的模具和釉面配方，形成平面、麻面、单色、多色、印花和浮雕等。内墙釉面砖有表面光滑、不吸污、耐腐蚀和易清洁的特点，主要用于建筑内部（如厨房和卫生间等）的地面和墙面。（图 5-62 和图 5-63）

图5-62　内墙釉面砖的运用案例一　　　　　图5-63　内墙釉面砖的运用案例二

（二）墙面砖

墙面砖（简称墙砖）按花色可分为玻化墙砖、印花墙砖等。施工时，采用横竖贴拼或斜拼、环绕拼贴的方式，能够用墙面砖贴出很多图案。这是个性设计常用的方法。贴墙面砖是保护墙面免遭水溅的有效途径。另外，墙面砖也是一种有趣的装饰元素，适用于洗手间、厨房和室外阳台的立面装饰。

（三）外墙面砖

外墙面砖俗称无光面砖，是将黏土压制成型后进行焙烧而制成的。外墙面砖是用于外墙装饰的板状陶瓷建筑材料，可分为有釉外墙面砖和无釉外墙面砖两种。它具有质地密实、强度高、耐腐蚀、抗冻性好和吸水率低（小于 4%）等特点。外墙面砖有时也可用于建筑地面装饰，大多情况下用于建筑外墙装饰，是常用的外墙贴面建筑材料。

（四）抛光砖

抛光砖是指对通体砖坯体的表面进行打磨、抛光处理而制成的一种光亮的砖，属于通体砖的一种。抛光砖质地坚硬、耐磨，适合在除洗手间、厨房以外的多数室内空间中使用，如阳台、外墙等。使用抛光砖可以做出各种仿石、仿木效果。但是抛光时，会在抛光砖上留下凹凸气孔，这些气孔会藏污垢，装修时也有在施工前打上水蜡以防藏污垢的做法。

（五）玻化砖

玻化砖又称为全瓷砖，是优质瓷土通过高温烧结，使砖中的熔融成分呈玻璃质而制成的全瓷化不上釉的高级铺地砖。玻化砖是所有瓷砖中最硬的一种，它的耐磨性已超过天然石材。

玻化砖在抛光砖的基础上解决了抛光砖存在的易脏问题，表面光洁且不需要抛光，所以不存在抛光气孔。另外，玻化砖的烧结温度高，瓷化程度好。玻化砖表面光洁得像镜面，吸水率小于 0.1%，防滑耐磨、耐酸碱、不留污渍、易于清洗、寿命长，适合家居室内装修使用。宾馆、酒店和商场等公众场所也都更多地选择使用玻化砖。目前玻化砖是比较流行且实用的地面装饰材料。（图 5-64 和图 5-65）

图5-64　玻化砖的运用案例一　　　　图5-65　玻化砖的运用案例二

（六）仿古砖

图5-66　仿古砖的运用案例

仿古砖本质上是一种釉面装饰砖，又称为耐磨砖。仿古砖经高温烧制而成，质地坚硬，釉面耐磨，适用于各种场所的装饰。现今装饰日益崇尚自然的风格，古朴、典雅的仿古砖日益受到人们的喜爱。仿古砖能体现典雅、幽静和自然的怀旧风格。（图 5-66）

（七）陶瓷锦砖

陶瓷锦砖也称陶瓷马赛克，具有质地坚实、色泽和图案多样、吸水率低、耐酸、耐碱、耐磨、耐水、易清洗和防滑等优点。单块陶瓷锦砖的形状、色彩及拼花图案丰富，除正方形外，还有长方形和异形品种，体积是各种瓷砖中最小的，常用规格有 20 mm×20 mm、25 mm×25 mm、30 mm×30 mm、50 mm×50 mm 和 100 mm×100 mm。陶瓷锦砖给人一种怀旧的感觉，常用于浴室地面、厨房和卫生间等处。（图5-67 和图 5-68）

图5-67　陶瓷锦砖的运用案例一

图5-68　陶瓷锦砖的运用案例二

5.2.6　涂料

涂料，又称为油漆。涂料涂覆在被保护或被装饰的物体表面上，并与被涂物体形成牢固附着力。涂料通常是以树脂、油和乳液为主要原料，添加颜料和相应助剂，用有机溶剂或水配制而成的黏稠液体。（图 5-69 和图 5-70）

图5-69　涂料的运用案例一

图5-70　涂料的运用案例二

（一）水溶性漆

用水作为稀释剂的涂料，都可称为水性涂料。水性涂料包括水溶性涂料、水稀释性涂料和水分散性涂料二种。水溶性涂料是指以水为稀释剂，以水溶性合成树脂为主要成膜物质，加入适量的颜料、填料和辅助材料等，经研磨而制成的水性涂料，如装修中使用的"106""107"和"803"内墙涂料，就是使用较为普遍的水溶性涂料。水溶性涂料无毒、环保、透气性好，并且没什么气味，但不耐水、不耐碱、耐久性差，易泛黄变色，涂层受潮后容易剥落。水溶性涂料价格便宜，施工也十分方便，属于低档内墙涂料。

（二）乳胶漆

乳胶漆是乳液性涂料，是将合成树脂和极细微粒子分散于水中构成乳液，以乳液为主要成膜物质，并加入适量颜料、填料和辅助材料等，经研磨而制成的涂料。

乳胶漆是一种施工方便、安全、耐水洗和透气性好的漆种，基本上由水、颜料、乳液、各种助剂组成，可根据不同的配色方案调配出不同的色泽。好的乳胶漆具有良好的耐水性、耐碱性和耐洗刷性，无毒、不燃烧，受潮后不会剥落。乳胶漆属中高档涂料，虽然价格较贵，但因性能优良，所占据的市场份额越来越大。现在在市场上常用的知名乳胶漆品牌中，有很多属于国家免检产品，比较安全。（图 5-71 和图 5-72）

图5-71　乳胶漆的运用案例一　　　　　　图5-72　乳胶漆的运用案例二

（三）真石漆

真石漆也称仿石涂料，是指以各种不同粒径的天然花岗岩等天然碎石、石粉为主要材料，以合成树脂或合成树脂乳液为主要黏结剂，制作而成的厚浆型质感类涂料。真石漆经过喷涂或抹涂施工，形成类似天然石材的装饰效果。真石漆是耐水性好、耐碱性好、耐候性好和附着力强的高保色性环保水性建筑涂料。

真石漆具有天然石材所具有的自然、古朴、庄重、典雅和豪华的风格，是一种高品质的建筑涂料。真石漆应用非常广泛，适用于别墅、公寓、办公楼和大厦等各档建筑物的内外墙装饰。真石漆装饰效果堪比石材，又比石材更适合塑造各种艺术造型。（图 5-73 和图 5-74）

图5-73　真石漆的运用案例一　　　　　　图5-74　真石漆的运用案例二

（四）仿古涂料

仿古涂料又称仿古艺术涂料，肌理粗糙，流露出历史的沧桑。仿古涂料能体现古香古色，具有典雅、尊贵的色泽，纹路自然、流畅。仿古涂料的魅力就在于，将岁月沉淀，给喧嚣的现世带来一丝宁静、安稳，散发着古典韵味，同时又不失现代气息，将古典欧式和中式等风格挥发得淋漓尽致。如同几年前流行把牛仔裤故意磨破做旧，如今的家居界刮起四处做旧的怀旧风，不仅家具强调要做出旧旧的历史感，就连墙面也开始流行起使用具有怀旧效果的仿古涂料。仿古涂料的施工工艺和所用底材比普通材料复杂得多，价格堪比高档进口壁纸的价格。（图 5-75 和图 5-76）

图5-75　仿古涂料的运用案例一　　　　　图5-76　仿古涂料的运用案例二

（五）浮雕漆

浮雕漆是一种立体质感逼真、图案浑厚的彩色墙面涂装材料。浮雕漆因使装饰后的墙面具有酷似浮雕的感观效果而得名。浮雕漆以独特的立体仿真浮雕效果塑造强烈的艺术感，广泛用于室内外已经涂上底漆的砖墙、水泥砂浆面和各种基面装饰涂装。浮雕漆漆膜坚硬、耐刻划、有良好的防水效果，无毒环保，抗污染性强。（图 5-77 和图 5-78）

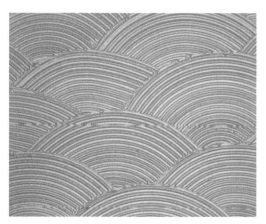
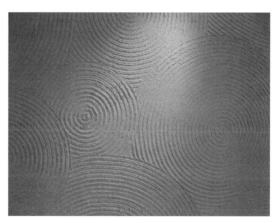

图5-77　浮雕漆的运用案例一　　　　　图5-78　浮雕漆的运用案例二

（六）液体壁纸涂料

液体壁纸涂料也称壁纸漆，是一种新型材料，采用高分子聚合物、进口珠光颜料和多种配套助剂精制而成，是集壁纸和乳胶漆的优点于一身的环保水性涂料。液体壁纸涂料采用最新科学技术和独特的材料，用它做出的图案个仅色彩均匀、完美，而且极富光泽。液体壁纸涂料的图案设计繁多，有印花、滚花、夜光、梦幻和浮雕等。液体壁纸涂料既克服了乳胶漆色彩单一、无层次感的缺陷，又避免了壁纸易变色、翘边和有接缝等缺点。

液体壁纸涂料具有无毒无味、绿色环保、有极强的耐水性和耐酸碱性、抗菌性能好、不褪色、不起皮、不开裂和不易老化等众多优点。但天然原材料的利用导致液体壁纸涂料的造价相对较高，所以在家居装饰中，考虑到造价的问题，一般都只是将液体壁纸涂料用于局部装饰。

（七）荧光涂料

荧光涂料指的是在受到紫外线照射时能够发光的涂料，由夜光粉、有机树脂、有机溶剂和助剂等配制而成。荧光涂料的特点是，在受到紫外线照射时发光，在停止紫外线照射时不发光。涂抹荧光涂料后，当荧光涂料成膜后，每吸光 1 h 可发光 8～10 h，吸光和发光的过程可无限循环。荧光涂料在环保、节能、经济和安全等方面凸现出良好的综合效应，是受广大消费者喜爱的新型产品。由于含有放射性物质，对人体有害，荧光涂料多用在公共建筑中。

（八）硅藻泥

硅藻泥是一种内墙环保装饰壁材，它的主要成分为蛋白石，主要原料是在海底或者湖底沉积亿万年所形成的硅藻矿物——硅藻土。硅藻土富含多种有益矿物质。以硅藻土为主要原材料所制成的硅藻泥呈干粉状，具有消除甲醛、净化空气、调节湿度、释放负氧离子、防火阻燃、自洁墙面和杀菌除臭等功能。另外，硅藻泥可以营造多种肌理效果，且质感生动、真实，具有很强的艺术感染力，能为墙面提供别具一格的装饰效果。硅藻泥由于健康环保，不仅具有很好的装饰性，还具有多功能性，成为替代壁纸和乳胶漆的新一代室内装饰材料。

（九）室内装饰工程地面常用涂料

地面涂料的种类较多，包括薄质的溶剂型地面涂料等。地面涂料的主要功能是，装饰和保护室内地面，使室内地面清洁、美观，与其他室内装饰材料一同创造油压式室内空间环境。为了获得良好的装饰效果，地面涂料应具有施工简便、造价较低、整体性好、自重轻、耐碱性好、黏结力强、耐水性好、耐磨性好和抗冲击力强等特点。（图5-79～图5-81）

图5-79　地面涂料的运用案例一　　图5-80　地面涂料的运用案例二　　图5-81　地面涂料的运用案例三

地面涂料更新方便，常用于公共场所地面和工业厂房地面等，同时也适用于家庭装饰中的阳台、厨房、卫生间地面装饰。在国外家庭装饰中，地面涂料并非低档材料，人们利用不同颜色、质感的地面涂料来塑造贴近自然、休闲自如的乡村风格。

5.2.7 壁纸与墙布

壁纸也称为墙纸，是一种应用相当广泛的室内装饰材料。墙布又称壁布，是指裱糊墙面的织物。墙布以棉布为底布，并在底布上施以印花或轧纹浮雕，也有以大提花织成的。墙布所用纹样多为几何图案和花卉图案。壁纸种类很多，具有色彩多样、图案丰富、豪华气派、安全环保、施工方便和价格适宜等多种其他室内装饰材料所无法比拟的特点，故在欧美、东南亚和日本等得到相当程度的普及。（图 5-82~ 图 5-84）

图5-82 壁纸的运用 案例一　　图5-83 壁纸的运用 案例二　　图5-84 墙布的运用案例

（一）壁纸

将针织材料、合成材料、金属材料或天然材料复合在纸基上用来装饰墙面的装饰材料，称为壁纸。壁纸属于内墙裱糊材料，品种、花色和样式繁多，被人们经常用在各种空间场所。壁纸既能起到美化室内空间环境的作用，又能起到吸声、防潮和防火等作用。

壁纸在质感、装饰效果和实用性方面有着很多其他室内装饰材料所没有的特点。它具有耐磨性和抗污染性较好、便于保洁等特点，款式、花色多样，可以搭配打造出不同的个性空间。

现代壁纸有许多合成材料和纤维材料可供选择，并且更加耐磨、耐擦洗，以及更容易粘贴和撕除。目前壁纸的生产技术比较成熟，为室内装饰工程提供了好的素材。新型壁纸也在逐步代替传统壁纸。目前，家庭装饰装修中的卧室、客厅和书房装饰装修都在使用壁纸。壁纸不仅适用于墙面装饰，还可用于顶棚饰面。随着人们环保意识的增强和审美能力的提高，壁纸成为目前国内外使用量较大的室内装饰材料之一。

（二）墙布

墙布的面层多选用布、麻、绢、丝、绸和缎等织物，所用纹样多为几何图案和花卉图案。几乎所有织物都可用于制作墙面。墙布可起吸声、保暖作用，同时它的色彩、图案多样，能为墙面增加质感，使墙面具有高雅感。（图 5-85~ 图 5-87）

  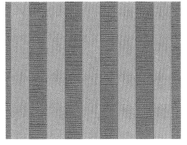

图5-85 墙布　　　　图5-86 墙布二　　　　图5-87 墙布二

5.2.8 饰面板

饰面板也称贴面板，全称为装饰单板贴面胶合板。它是将天然木材或科技木刨切成具有一定厚度的薄片，将薄片黏附于胶合板表面，经热压而制成的一种装饰材料。饰面板是家庭装饰装修中一种主要的面层装饰材料，广泛应用于家庭及公共空间的面层装饰。

（一）防火板

防火板又称为耐火板，它的面层为三聚氰胺甲醛树脂。防火板是将钛粉纸或牛皮纸浸在树脂中，经高温高压处理而制成的室内装饰表面材料。防火板具有丰富的表面色彩、花纹，封边形式多样，表面硬，具有耐磨、耐高温、耐擦洗、耐剐、耐腐蚀、抗渗透、容易清洁、防潮、不易褪色、触感细腻和价格实惠等优点。但防火板易脆、不能弯折、无法创造凹凸、立体感，一般用作台面、桌面、墙面、橱柜、展柜和吊柜等的装饰材料。（图5-88和图5-89）

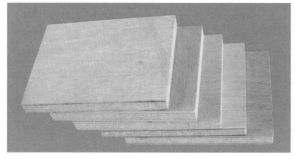 

图5-88　防火板一　　　　　　　　　　图5-89　防火板二

（二）铝塑板

铝塑板是一种新型建筑装饰材料，是铝塑复合板的简称。铝塑板是以聚乙烯塑料为芯材、以经过化学处理的涂装铝板为表层加工而成的复合材料，是一种将内外两面铝合金板、低密度聚乙烯芯层用黏结剂复合成一体的轻型墙面装饰材料。铝塑板具有外表美观、性价比高、质轻、色彩丰富、耐腐蚀、耐冲击、防火、防潮、隔热、隔音和施工便捷等优点，广泛应用于大楼外墙、帷幕墙板、旧楼改造翻新、室内墙壁和天花板、柱、柜台、家具、店面、广告招牌、展示台架和净化防尘工程。

（三）装饰板

贴面胶合板也称为贴面板，是装饰单板，简称装饰板，是一种人造板材。装饰板是以胶合板为基础，将多种专用纸张经过化学处理后，用高温高压胶合剂制成的热固性层积塑料，表面贴各种天然木材和人造板材。装饰板具有各种木纹和图案。为了保护有限的自然资源，如今科技木正在逐步代替天然名贵木皮用以生产装饰板。科技木光亮平整、色泽鲜艳美观，同时具有较好的耐磨性、耐热性、耐寒性和防火性等良好的物理性能。科技木没有天然木材固有的自然缺陷，是一种几乎没有任何缺陷的装饰材料。使用科技木既节能，又保护了环境资源，许多家具、地板、门窗、音响和木工艺品等都采用使用科技木生产的装饰板。（图5-90~图5-92）

图5-90 装饰板一　　　　　图5-91 装饰板二　　　　　图5-92 装饰板三

（四）热处理木板

热处理木板也称为炭化木板或肌理木纹装饰板，是木材经干燥后，再进行 200 ℃左右的高温炭化技术处理而制成的。热处理木板仍具有木材独特的天然特性。经热处理后，木材的使用寿命延长，且由于营养成分被破坏，热处理木板具有较好的防腐、防虫功能。热处理木板抗压强度和硬度较高，色泽持久，木纹凸起的艺术浮雕效果好，不含甲醛，防潮、无辐射、绿色环保，对人体、动物和环境没有任何的负面影响，不仅可用作室内装饰材料，还可作室外用材，但不推荐用于接触水和土壤的场合。（图 5-93 和图 5-94）

图5-93 热处理木板一　　　　　　　　　图5-94 热处理木板二

（五）亚克力板

亚克力也称透明的有机玻璃，是塑料中最好且最容易加工的热可塑性材料之一，具有高透明度，有"塑胶水晶"的美誉。亚克力板表面光泽亮丽，有玻璃的质感，保温性能高，易加工，可制成各种形状与色彩的产品。亚克力板在室内装饰工程中应用非常广泛，赋予室内装饰许多功能性和艺术性。（图 5-95 和图 5-96）

图5-95 亚克力板　　　　　　　图5-96 亚克力板的运用案例

（六）波纹板

波纹板又称波浪板，是一种新兴的饰面装饰材料。波纹板是用进口中纤板经计算机雕刻，并采用高超的喷涂、烤漆的手法制造而成的。波纹板的表面不用刷油漆。波纹板防潮性强、防火阻燃、结构均匀、尺寸稳定、无变形，具有立体、流畅的造型且缤纷多彩。波纹板种类繁多，如石膏波纹板、铝合金波纹板、PVC波纹板、陶瓷波纹板和玻璃纤维波纹板等。波纹板施工简单，使用强力胶粘贴或聚氨酯发泡胶点式粘贴即可。波纹板广泛应用于各种装修工程中，如外灯箱、广告招牌、封口边和门夹等。（图5-97~图5-99）

图5-97　波纹板一　　　　　图5-98　波纹板二　　　　　图5-99　波纹板三

（七）桑拿板

桑拿板也称节疤板，是一种实木板材。桑拿板的原料主要有杉木、樟子松木、白松木和香柏木等。桑拿板保持了天然木材的优良性能，不怕水泡、不发霉、不腐烂，经常用于桑拿房的四壁。以前桑拿板总用在卫生间，现今桑拿板的使用范围扩大，桑拿板也可装饰阳台地面、书房墙和背景墙等处。另外，桑拿板还具有施工方便、清洗方便的优点。（图5-100~图5-102）

图5-100　桑拿板的运用案例一　图5-101　桑拿板的运用案例二　图5-102　桑拿板的运用案例三

5.3
材料质感的运用

5.3.1　材料的材质和质感

材质与质感互为表里，相互依存。材质是指材料自身所表现出来的质地。质感是指材料本身的特性使人产生的心理感受。材料依靠质感来显露本质和特性。从本质上看，质感就是指材料所呈现的肌理、色彩、光滑度、光泽、触感和透明度等多种外在特性给人的感觉。

材质可以理解为材料和质感的结合，是指材料本身的组织和构造，是材料的自然属性。材质包含材料的外在形态、体积、质地和肌理，是人们对材料表面特征的一种综合反映和综合印象。在光照条件下，不同材料的质地使人产生不同的视觉感受。例如，木材、竹材的纹理给人以自然、淳朴、舒适、回归的感觉；石材光泽度高、硬度高，给人以雄伟、庄严、稳重、坚硬、挺拔、刚劲的感觉；纺织品，如毛麻织品、丝绒、锦缎，给人以柔软、舒适、豪华的感觉；铝合金色彩丰富、轻快、明丽，给人以辉煌、华丽、高贵的感觉；玻璃使人产生一种洁净、明亮和通透的感觉；塑料细腻、致密、光滑，给人以轻柔的感觉。

质感也叫作肌理感或质地感，包括触觉质感和视觉质感两种。在通常情况下，装饰材料质感组合的效果与室内空间环境的整体效果是密不可分的，材料质感是指材料表面的组织结构、花纹图案、颜色光泽、透明度等给人的特殊感觉。组成相同或相似的材料，由于施工工艺有差别，可以有不同的质感。不同质感的材料，给室内空间环境带来不同的视觉效果。在设计时，设计者需要充分理解、把握材料本身的质感，并灵活运用材料质感，以便创造出多样化的外观效果，体现设计内涵。

肌理是质感的形式要素，反映材料表面的形态特征和纹理，使材料更具体、形象。人主要通过触觉和视觉来感知材料，对不同材料的肌理和质地的心理感受差异较大。人们往往利用材质的独特性和差异性来创造富有个性的室内空间环境。

室内坏境设计主要从材料的肌理、色彩、质地、形态四个方面体现材料的质感。设计者通过对材料的选择和利用来深化并加强设计的创意。更好地利用材料的自然属性，是展现设计独特性的方式之一。每一种材料都有它特有的美，设计者要巧妙地利用材料来体现质地、肌理效果。设计者应在材料抽象美的启迪下，把材料的自然属性与艺术构想融为一体，将材料的质地、肌理与室内环境设计相互结合。材料的不同形态给人不同的心理知觉和感受。例如，线材给人以流动、灵活的感觉；片材以给人无限延伸的感觉，可以创造出空间的虚实感；块材给人以扎实、稳重的感觉。材料色彩的相似性组合可调和室内空间，烘托室内空间气氛，使主题能够更好地表达。

现代环境艺术设计的质感设计被越来越多的人重视。设计者可以运用室内装饰材料营造各种不同的室内环境设计效果。对各种材料的色彩、肌理、质地的正确运用，将在很大程度上影响到整个室内空间环境，使人能够充分享受环境美。

5.3.2 特定空间材料的质感运用

在现今社会，生活节奏快，压力大，人们为了消除精神疲劳，会提出个性设计要求。在满足人们对设计相关需求的同时，设计者要合理地运用材料。也就是说设计者在环境艺术设计中要注意成本的控制，经济合理地选择材料。

现代室内环境设计追求的是空间造型简洁化、抽象化。人们越来越重视材料的质感效果，创造新的质感组合具有十分重要的意义。设计者需要根据室内空间的功能分区和使用部位所处的环境来巧妙合理地运用材料的形态、质感、色彩，以便产生不同的质感，在满足一定的使用功能的前提下，充分利用有限的资金取得最佳的装饰和美化效果。在家居类室内环境设计中，一般是以一种材料为主，配以其他不同质地的材料，形成对比互衬的关系，这样不会产生杂乱的感觉，容易使空间关系达到和谐、统   。

5.3.3 光环境对材质的影响

在不同光照下，同一材料的显色性有很大的差别。在搭配室内色彩时，不仅要考虑材料固有的色彩，还要顾及光源色对材料质感效果的影响。在不同光照下，材料会显现出不同的质地和色彩。

（一）不同光源对色彩的影响

在冷光源的环境下，暖色材质会显得更加明亮；在冬天，在暖光源的环境下，会产生更生冷的感觉。不同光源对色彩的影响程度不同，一般情况下，红光最强，绿光、蓝光、橙光、紫光等次之，白光最弱。

（二）光照位置对质地的影响

正面受光，对材料起到强调作用，材料的质地更加清晰；侧面受光，材料会产生彩度、明度上的变化；背面受光，材料的色彩与质地处于模糊状态，背面照射可获得特殊的逆向效果。

（三）光对材料质地的影响

光滑、坚硬且具有较强反光效果的材料，如玻璃、镜子、金属、瓷器、抛光大理石等，能使室内空间扩大；粗糙的材料，如砖、泥土等，没有明显的高光点，会吸收光，反射光效果较弱。

思考与练习

1. 地面的装饰材料主要有哪些？
2. 选择材料时需要注意哪些问题？
3. 玻璃的种类有哪些？玻璃在装修设计时能起到哪些作用？
4. 材料质感不同给人的感觉是否相同？试举例说明。

第 **6** 章

室内家具与
陈设设计

一、教学基本内容

本章系统地介绍了室内家具的种类及风格、陈设分类及具体运用，并穿插实际案例图片，使抽象、难理解的知识点具象化、形象化。

二、教学目标

本章通过多媒体课件教学、小组研讨等方法，使学生在吸收理论知识的同时，形成感性认识，并延伸到设计方案中，完成实践项目任务的训练。理论课程的学习不是最终的目的，本章的教学目标是提升学生学以致用的能力。

三、教学重难点

本章第一节介绍了室内家具的种类及风格；第二节重点讲解了陈设分类及具体运用，是知识点较难理解的一节。通过本章的学习，学生应对室内空间中的家具及陈设品的设计有自己独特的视角。

6.1
室内家具的种类及风格

室内家具是一种使用性强的物品，能为人们提供实用功能，满足人们的精神需求。人们在选择室内家具时不仅会考虑它所提供的使用功能，而且会考虑它所提供的精神功能。

6.1.1 室内家具的种类

室内家具种类繁多，分类方法也很多，主要分类方法如下。

（一）按使用功能分类

图6-1 坐卧类家具一

（1）坐卧类：如椅、凳、床等。（图6-1和图6-2）

（2）凭倚类：如书桌、餐桌、几案等。（图6-3）

（3）储存类：如书架、壁柜等。（图6-3）

（二）按制作材料分类

1. 木制家具

本制家具的特点主要是质轻，强度高，易于加工，有天然的纹理和色泽，手感好，使人感到亲切。（图6-4）

2. 藤竹家具

藤竹家具除了具有木制家具的特点以外，还具有富有弹性和韧性、易于编织、具有浓厚的乡土气息等特点。

3. 金属家具

金属家具具有金属材质的特性，易于加工，适合批量生产。金属家具有全金属制的；也有将与其

图6-2　坐卧类家具二

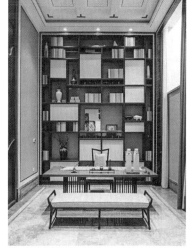

图6-3　凭倚类家具和储存类家具

他材料结合制成的，如与人体接触的部位采用木、藤、皮革、布等材料，这种金属家具会更舒服，同时在材质上产生较强的对比效果。（图 6-4 和图 6-5）

图6-4　本制家具和金属家具

图6-5　金属家具

4. 塑料家具

塑料家具质轻，强度高，易十加工，有大然的纹理和色泽，手感好，使人感到亲切。

（三）按构造体系分类

（1）框式家具。（图 6-6）

（2）板式家具。（图 6-/）

（3）注塑家具。（图 6-6 和图 6-7）

（4）充气家具。

（四）按组成分类

（1）单体家具。（图 6-8）

（2）组合家具。

图6-6　框式家具和注塑家具

图6-7　板式家具和注塑家具

图6-8　单体家具

6.1.2　室内家具的风格

不同的人喜欢的室内家具风格不同，室内家具的风格各有各的特征。在进行室内环境设计时，设计者要全面地考虑客户的需求，选择适合的室内家具，打造舒适、独特的室内空间环境。

（一）欧式古典风格

欧式古典风格历史悠久，自拜占庭帝国开始，在罗马式艺术、哥特式艺术、文艺复兴时期的艺术、巴洛克艺术、洛可可艺术以及帕拉第奥艺术的多元影响下，焕发出古典和奢华的经典光芒。欧式古典风格多引入建筑结构元素，在凸凹有致的墙壁、罗马柱、雕花的掩映下，卷叶草、螺旋纹、葵花纹、弧线纹等欧式古典纹饰"轻抚"在精致家具上，重现了宫廷般的华贵、绚丽。

（二）新古典风格

新古典风格摒弃了巴洛克风格和洛可可风格中的过度矫饰，承袭了浪漫主义色彩。新古典风格不仅以青铜饰面，而且将石雕等带进了室内陈设和装饰中，还运用拉毛粉饰和大理石，使室内装饰更讲究材质的变化和空间的整体性。

（三）美式风格

美式风格先后经历了殖民地时期、美联邦时期、美式帝国时期的洗礼，融合巴洛克风格、帕拉第奥风格、新古典风格等装饰风格，形成了对称、精巧、幽雅、华美的特点。

美式风格多采用金鹰、交叉的双剑、星、麦穗、花彩等纹饰元素，在锡铅合金烛台、几何图案地毯、雕花边柜的装饰中，呈现出独特的韵味。

（四）现代风格

现代风格是随着现代都市的快速发展和生产方式的改变而产生的。现代都市的快速发展和生产方式的改变，使设计方式发生了新的革命。这次革命从建筑设计出发，影响到城市规划设计、环境设计、家具设计、工业产品设计、平面设计等领域，是一次完整的现代设计运动。现代风格具有非常典型和个性鲜明的主观特色，钢筋混凝土、平板玻璃、钢材的大胆运用，简单的几何、直线元素拼铺，使艺术与实用功能得到高度融合。

（五）东南亚风格

东南亚风格在设计上逐渐融合西方现代概念和亚洲传统文化，通过不同的材料和色调搭配，在保留了自身的特色之余，产生更加丰富的变化。东南亚风格主要分为两种：一种为深色系，受东方影响的风格；另一种为浅色系，受西方影响的风格。

（六）新中式风格

新中式风格在探寻中国设计界的本土意识之初，将中式元素与现代材质巧妙兼容，明清家具、窗棂、布艺床品交相辉映，再现了移步变景的精妙小品。（图6-9和图6-10）

图6-9　新中式风格一　　　　　　图6-10　新中式风格二

（七）地中海风格

地中海风格多采用柔和的色调和大气的组合搭配，深受人们的喜爱。彩色瓷砖、铸铁把手、厚木门窗、阿拉伯风格水池，散发出极具亲和力的海洋气息。（图6-11）

图6-11　地中海风格

（八）中西混搭风格

中西混搭风格是糅合东西方美学精华的新兴装饰风格，是将设计概念和材料与国际现代主义和中国传统审美意识相结合，通过空间形式和材料的应用，巧妙地结合中西文化特色而形成的。（图6-12和图6-13）

图6-12　中西混搭风格一　　　　　　　　　　图6-13　中西混搭风格二

6.2
陈设分类及具体运用

室内空间中除墙面、顶面、地面和部分构件外的物品都属于陈设品。室内空间中的陈设品主要有日用品、个人收藏品、观赏性植物等。

陈设分为功能性陈设和装饰性陈设两种，是室内装饰中不可缺少的一部分。功能性陈设品主要有家具、灯具、餐具、电器、文体用品等，装饰性陈设品主要有工艺品、书法作品、绘画作品、植物以及其他收藏品等。陈设品能起到加强或柔化室内空间氛围、烘托室内空间气氛、强化室内空间风格、调节室内空间色彩的作用。

6.2.1　陈设分类

陈设主要分为以下几类。

（1）顶棚装饰陈设。

（2）地面展示陈设。（图6-14）

（3）墙面摆放陈设。（图 6-15）
（4）隔断装饰陈设。（图 6-16）
（5）台面摆放陈设。（图 6-17）

图6-14　地面展示陈设

图6-15　墙面摆放陈设

图6-16　隔断装饰陈设

图6-17　台面摆放陈设

6.2.2　陈设原则及方式

在室内空间中，首先，陈设品要与室内空间的使用功能相一致；其次，陈设品的摆设要与室内空间构图均衡，并主次分明；最后，陈设品要有一定的观赏效果。

1. 墙面陈设

墙面陈设通过垂直墙面来展示物品的位置与整体墙面和室内空间的构图关系，陈设品常以成组陈列的方式与整体环境的构图相协调。墙面陈设可采用挂壁悬垂法、挂壁摆设法、嵌壁法和开窗法陈设陈设品。墙面陈设形式灵活，不占用地面空间，可美化室内空间的墙壁。采用此种陈设方式时，应注意陈设品的姿态和色彩要与墙面相协调。

（图6-18和图6-19）

图6-18　墙面陈设一　　　　　　　　　　　　　　图6-19　墙面陈设二

2. 台面陈设

台面陈设是指在水平表面上进行陈设品的摆放和陈列。此种陈设方式的特点是，布局灵活，布置方便，秩序感强，组合变化丰富，陈设品多用同类色、局部对比色与室内空间环境相融合。（图6-20~图6-22）

图6-20　台面陈设一　　　　　　　　　　　　　　图6-21　台面陈设二

3. 储藏陈设

储藏陈设主要是指在分隔较多的储藏柜、橱架、书架等家具中摆放各种不同的陈设品。储藏陈设一般利用局部开敞的储物分隔进行陈列，也有些家具是带柜门的分隔。采用此种陈设方式时，陈设品的摆放不宜凌乱，另外还要注意储藏柜、橱架和书架等与其他家具以及整体环境的关系要协调统一。（图6-23）

图6-22　台面陈设三

图6-23　储藏陈设

4. 落地陈设

落地陈设会占用一定的地面面积，所以在地面上陈设品不易设置过多，主要以满足功能需求为主。采用此种陈设方式时，要考虑陈设品的引导人流和分隔空间的作用。（图 6-24 和图 6-25）

图6-24　落地陈设一

图6-25　落地陈设二

5. 悬挂陈设

悬挂陈设是指利用立面空间进行陈设品陈设。这种陈设方式在不妨碍人活动的原则下，可以丰富室内空间的层次，适合在较高的室内空间里或有特殊氛围需求的情况下采用。（图 6-26 和图 6-27）

图6-26　悬挂陈设一　　　　　　　图6-27　悬挂陈设二

6.2.3　陈设品的选择

1. 陈设的风格

不同的人有不同的需求，所以设计者在选择陈设品时要根据客户想要的室内空间的整体环境氛围来确定陈设的风格，根据功能需求确定所需要的陈设品的种类，然后选择与室内空间整体风格相协调的陈设品，增强室内空间风格的感染力，强化室内空间风格。（图 6-28 和图 6-29）

图6-28　陈设的风格一　　　　　　图6-29　陈设的风格二

2. 陈设的造型

陈设的风格确定下来后，接下来就是考虑陈设品的具体细节与周围环境之间的关系。陈设品的形状、色彩、材质、图案等因素对整体环境氛围的营造起着十分重要的作用。当整体环境氛围强调统一时，陈设品的造型应尽量与周围环境相近和融合，提升整个室内空间环境的质量。当整体环境氛围需要用跳跃的陈设品来调节时，陈设品的色彩、材质要与背景环境形成对比的效果。

3. 陈设的效果

陈设的效果是由陈设品与周围环境之间的关系形成的，陈设品的种类、摆放方式、数量、大小等一定要与背景环境需求相协调，以便增强整体环境的氛围，所以设计者在选择陈设品时要全面考虑。一般采用小对比、大协调的方式来考虑陈设品的陈设。

思考与练习

1. 室内家具的种类有哪些？
2. 地中海风格的家具的特点是什么？

第 7 章

室内空间
整体气氛营造

★**教学引导**

一、教学基本内容

本章主要讲述室内空间整体氛围营造的方式，包括空间格调的确定、室内空间界面处理的手段、照明和色彩的设计、材质选用，以及室内家具布置和陈设品摆放几个方面的内容。

二、教学目标

通过对本章的学习，学生应了解常见室内空间的设计特点，注重对其氛围的营造，提高对室内空间的审美品位。

三、教学重难点

不同室内空间的装饰手法是本章的重点，也是难点。通过对本章的学习，学生应能灵活运用色彩、照明等元素进行室内环境设计，提高自身的综合设计能力。

室内环境设计旨在满足人在室内空间中的生理需求和心理需求。满足人在室内空间中的生理需求主要是指室内空间的物理性能和使用功能要求得到满足，人在室内空间中感到舒适、方便；而满足人在室内空间中的心理需求主要是指室内空间满足人的视觉要求和引导要求。对于室内空间整体氛围的营造，首先要树立整体意识，要把整个室内空间当成一个整体，而不是分成各个部分单独处理，室内空间内的各种因素要相互联系和呼应，综合考虑各因素，进行统一系统的整体设计，展现整个室内空间的性格，而不是所谓的各个亮点。如果一个房间内处处都是亮点，各亮点间就会互相争抢，削弱室内空间的整体感觉，使该室内空间缺少统一的氛围。

7.1
居住空间

住宅是人们居住使用的建筑，是满足人们需要的必不可缺的重要场所。住宅的发展水平与人们的生活水平密切相关，住宅的适用性、经济性、美观性是人们的根本要求，也是住宅设计的原则。由于人们对居住空间的认识不断提高、对生活质量的要求越来越高，人们对住宅的生活格调与品位的要求也就越来越凸显。

居住空间的氛围营造与很多因素有关，如空间格调、陈设品、界面处理、色彩和照明等。

7.1.1 空间格调

居住空间常见的空间格调包括典雅、豪华、温馨、舒适、轻松、随意等。确定一种空间格调，有助于室内空间整体风格的形成。如果设计者对空间格调的把握不深入，室内各空间之间将互不联系，甚至各元素间发生冲突，极大地影响和破坏室内空间的整体氛围和效果。因此，在空间格调上，设计者一定要注意整体性和协调性，使空间格调与室内空间的形式、使用功能和各元素相互匹配。设计者在室内空间氛围的营造上应具有一定的整体意识。（图7-1和图7-2）

图7-1 室内空间格调一

图7-2 室内空间格调二

7.1.2 陈设品

　　"轻装修，重装饰"的理念已为众多的业主所接受，各类陈设品在渲染室内空间中的作用越来越大。无论是多么别具一格的装修空间，都需要搭配家具、灯具、织物、植物、工艺品等，才能展现出生活的舒适和情调。陈设品在住宅设计中起到很大的搭配作用，装点着人们的生活空间。（图 7-3~ 图 7-8）

图7-3 不同的陈设品装点出
不一样的室内空间一

图7-4 不同的陈设品装点出
不一样的室内空间二

图7-5 不同的陈设品装点出
不一样的室内空间三

图7-6 不同的陈设品装点出
不一样的室内空间四

图7-7 不同的陈设品装点出
不一样的室内空间五

图7-8 不同的陈设品装点出
不一样的室内空间六

7.1.3 界面处理

室内空间界面的处理是指对室内空间的顶面、墙面和地面等界面的处理，包括对材质、大小、造型和色彩等的处理。室内空间界面的设计直接影响整体空间的氛围，因此设计者在进行室内空间界面的设计时，要综合考虑界面的形状、肌理以及界面和结构构件的连接构造等各方面因素。每个室内空间界面的特点主要通过色彩、材质、肌理以及界面上的物体表现出来，赋予界面一定的形式和功能。同一个室内空间用不同的材料和手法进行界面处理，可以使人们对该室内空间产生完全不同的感觉。（图7-9~ 图7-14）

图7-9　不同的界面处理方式渲染出不同的室内空间氛围一　　　图7-10　不同的界面处理方式渲染出不同的室内空间氛围二　　　图7-11　不同的界面处理方式渲染出不同的室内空间氛围三

图7-12　不同的界面处理方式渲染出不同的室内空间氛围四　　　图7-13　不同的界面处理方式渲染出不同的室内空间氛围五　　　图7-14　不同的界面处理方式渲染出不同的室内空间氛围六

7.1.4 色彩和照明

在室内环境设计中，色彩设计占很大的比例。色彩可以直接而强烈地影响人们的感觉。在设计中较好地运用色彩，不仅可以对视觉环境产生影响，还会对人们的情绪产生影响。色彩具有心理调节作用，可以柔化或强化室内空间氛围。在选择配色时，首先要注意所选用的色彩应符合室内空间的功能、气氛和意境要求，确定出主要基调，并考虑色彩与整体室内空间风格的协调。同时要注意色彩的重复或呼应，将色彩布置成有节奏的连续，形成色彩的韵律感、层次感，通过色彩体现室内空间整体气氛。进行色彩设计时，还要考虑色彩与照明的关系，注意光源和照明方式所引起的色彩变化。灯具照明的气氛烘托也是一个营造居住空间氛围的重要处理方式。照明可以使室内空间环境变幻无穷。若在照明的运用上再加上色彩，使照明成为有色光，则可以使室内空间环境产生不同的情调和风味。另外，在居住空间设计中，还可以利用光效应来分隔室内空间，营造出所要求的室内空间氛围。（图 7-15 和图 7-16）

图7-15　利用色彩和照明营造出的室内空间氛围一　　图7-16　利用色彩和照明营造出的室内空间氛围二

7.2 办公空间

办公空间设计旨在创造一个良好的办公环境。一个成功的办公空间设计，需要在室内划分、平面布置、界面处理、采光和照明设计、色彩选择、氛围营造等方面做通盘的考虑，同时还要考虑不同国家、民族的文化、风俗、传统的影响。办公空间整体氛围营造的要点如下。

7.2.1　适当软化环境

现代办公楼惯用硬质材料（如玻璃、不锈钢和石材等），又喜用偏冷的色彩。用硬质材料和偏冷的色彩有利于体现办公楼的现代性和科技含量，但也容易显得冷漠、生硬且缺少人情味。因此，适当软化环境，做一些有文化内涵且能体现公司特色的装饰设计，注意沟通内外空间，渗透自然景色，将有效的实用性、有人情味的艺术性和先进的科学性统一起来是十分有必要的。不同的办公环境对氛围的追求可能是不同的，在多大程度上和用什么手段软化环境也可能是不同的，但从总体上看，办公环境应有较多的亲切感，这对职工和顾客都是有益的。（图 7-17 和图 7-18）

图7-17 办公空间中的软质环境一　　　　　　图7-18 办公空间中的软质环境二

7.2.2 色彩

　　办公机构的文化特性在空间环境的视觉传达方面是通过色彩、造型、材质等装饰要素对环境气氛的营造来体现的。尽管办公环境在色彩的表达、造型的设计和材料的选取方面均无固定的格式，但一般同一属性的办公空间有其约定俗成的色彩范围与材料搭配。

　　无论是行政性管理单位还是专业性咨询机构，办公空间的环境色彩均以简洁为主要目标，意在营造一个快速、高效的办事环境。即使是以创意为主、讲求个性的艺术性信息咨询服务机构，色彩的选择也不宜过于纷繁复杂。通常，一个机构的室内空间会以一种或两种色彩作为整体环境的主导颜色，用陈设品或者局部界面的不同色彩和形状来点缀或活跃整体气氛。（图7-19和图7-20）

图7-19 办公空间的色彩一　　　　　　图7-20 办公空间的色彩二

　　一般来讲，行政办公空间或者较为理性的专业性咨询机构的环境色彩宜淡雅、安静，颜色多围绕浅色系进行选择，色相的对比不宜过于强烈，且空间流线笔直，界面和陈设品的造型简单、大方，以显示出严谨、沉稳的行业作风和特点。

旅游咨询机构、艺术创意机构或者特色文化传播部门等注重感性宣传的办公机构的环境色彩往往纯度较高且明亮夺目，空间的划分有时是借用造型独特的屏风来实现的，从而形成不规则的空间流线，界面、家具和灯具的颜色和造型往往前卫、大胆、个性十足，充分传达出娱乐大众的业务性质活跃的行业性格。

7.2.3　突出企业形象

办公机构文化是办公机构内部的思想观念、思维方式、行为规范、业务范围和生存环境的总和。由于功能性质和经营理念不同，不同办公机构的文化特征不尽相同。一般而言，公益性机构注重亲和力，商业性机构注重服务，媒体性机构注重信息的快速传递，创意机构注重个性表达等。

办公空间环境也是企业形象的展示。在办公空间设计中，要以完整地体现企业形象、经营理念和文化追求为中心，全面考虑平面布局、空间分隔、办公家具、照明、音响、空调以及标牌的形式和风格，尤其要设计好门厅、接待台、形象墙、会议室、展示室和主要领导人办公室等与外界联系较多的部分和空间。对于有装饰意味的装置或有历史纪念意味的壁画、奖状、雕塑等，可以结合室内空间做一些橱窗或陈列柜来收藏和展示，这对提升办公空间环境的文化品位与办公空间的文化气氛是有帮助的。（图 7-21~图 7-23）

图7-21　办公空间氛围和　　　图7-22　办公空间氛围和　　　图7-23　办公空间氛围和
　　　　企业形象展示一　　　　　　　企业形象展示二　　　　　　　企业形象展示三

7.2.4　物理环境

与购物空间、餐饮空间、娱乐空间等人类休闲活动所使用的性能空间不同，办公空间更注重室内空间中物理环境的要求。设计者在决定界面或物品所用材料时，除了要考虑办公空间的装饰性需要外，还要考虑办公空间在光学、声学等技术层面的需求。

从室内设计与装修构造及选材的角度来说，办公空间内风口位置的布置，门窗的密闭性和遮光窗帘的选用，界面选材的隔音和吸声效果等，都与办公空间内物理环境的整体品质密切相关。

7.3
餐饮和酒店空间

餐饮和酒店空间设计有一个共同的特点，那就是强调休闲和文化氛围。

餐饮和酒店空间设计旨在创造一个合理的、舒适的、优美的具有就餐、住宿、休闲、会务等功能的环境，以满足人们的物质和精神要求。主题的确立和创意构想是餐饮和酒店空间氛围营造的关键。鲜明的主题是餐饮和酒店空间向目标顾客群体传达的中心思想和经营理念，也是餐饮和酒店企业市场定位和服务定位的一种体现。很多文化素材和时尚题材都能构建餐饮和酒店空间设计的主题，如以特定的环境为主题、以某一特殊的人情关系为主题、以某个兴趣爱好为主题、以文化符号为主题、以中国的语言符号为主题、以思古怀旧为主题、以历史事件为主题、以著名人物为主题等。通过一些具体的艺术形象进行传达，主题便成了整个餐饮和酒店空间的灵魂。

餐饮和酒店空间设计应因地制宜地采取具有地方风格和民族特点、充分考虑历史文化的延续的设计手法。吸收本地、本民族的母体文化，具有民族和地域特色，是餐饮和酒店空间设计的主要发展方向之一。不同地区气候有差别，如寒带、热带、亚热带等，一般都希望有相应的色彩与之相配合，以便在心理上取得平衡。不同的餐饮和酒店空间所处的环境不同，对色彩也有不同的考虑。另外，建筑造型应与周围环境相配合，内外空间的色彩应协调，做到适得其所。处于风景区的餐饮和酒店空间，一般都主张淡化建筑色彩，使建筑色彩不与景色争高低，而使旅客能专心欣赏自然风光。色彩是为人服务的，忌用色彩去干扰人们的活动，这是用色的基本原则。

餐饮和酒店空间独特的造型、贴切的色彩搭配所营造出的氛围，是为空间主题服务的，传送出企业文化，可为消费者留下一个很好的企业印象，刺激消费者的消费行为。（图 7-24~ 图 7-31）

图7-24　餐饮和酒店空间的不同界面
处理带来不同的文化感受一

图7-25　餐饮和酒店空间的不同界面
处理带来不同的文化感受二

图7-26　餐饮和酒店空间的不同界面
处理带来不同的文化感受三

图7-27　餐饮和酒店空间的不同界面
处理带来不同的文化感受四

图7-28　餐饮和酒店空间的不同界面
处理带来不同的文化感受五

图7-29　餐饮和酒店空间的不同界面
处理带来不同的文化感受六

图7-30　餐饮和酒店空间的不同界面
处理带来不同的文化感受七

图7-31　餐饮和酒店空间的不同界面
处理带来不同的文化感受八

7.4
展卖空间

具有展示、售卖功能的空间，如商店、展厅、橱窗等称为展卖空间。

7.4.1　设计原则

（1）根据商店的经营性质、理念，商品的属性、档次和地域特征，顾客群的特点，商店的形体外观和地区环境等因素，来确定室内环境设计的风格和价值取向。

（2）展卖空间应有利于商品的展示和陈列，满足商品展示和陈列的合理性、规律性、方便性要求，根据营销策略进行总体布局设计，以有利于商品的促销，为营业员的销售服务带来方便，为顾客创造出一个舒适、愉悦的购物环境。（图7-32~图7-34）

图7-32　展卖空间的　　　　图7-33　展卖空间的　　　　图7-34　展卖空间的
　　　　陈设方式一　　　　　　　　陈设方式二　　　　　　　　陈设方式三

（3）展卖空间设计应从总体上突出商品和商店的整体艺术风格；店面、橱窗、室内空间各界面、道具、标识等的造型应能激发人们的购物欲望，围绕着"商品"这一主角来设计；室内环境设计和建筑装饰的手法应衬托商品。从某种意义上讲，营业厅的室内空间环境应是商品的背景。（图7-35~图7-37）

图7-35　展卖空间橱窗陈设一　　　图7-36　展卖空间橱窗　　图7-37　展卖空间橱窗
　　　　　　　　　　　　　　　　　　　　陈设二　　　　　　　　陈设三

（4）营业厅的照明在展示商品、烘托环境氛围中起显著作用。营业厅内的选材、用色均应围绕突出商品、激发人们的购物欲望这一主题来考虑。良好的通风换气条件对改善营业厅的环境极为重要。（图7-38和图7-39）

图7-38 展卖空间的不同照明方式营造出不同氛围一

图7-39 展卖空间的不同照明方式营造出不同氛围二

（5）展卖空间不能给人以拘束感，不能有干预性，要营造出购物者有挑选商品的充分自由的展卖气氛。展卖空间在空间处理上要做到敞、畅，让人看得到、走得到、摸得到。

（6）设施、设备完善且符合人体工程学原理，防火分区明确，安全通道和出入口通畅，消防标识规范，有为残疾人设置的无障碍设施，并均符合安全疏散的规范要求。

（7）创新意识突出，能展现出整体设计中的个性化特点。（图7-40~图7-45）

图7-40 不同展卖空间的氛围一

图7-41 不同展卖空间的氛围二

图7-42 不同展卖空间的氛围三

图7-43 不同展卖空间的氛围四

图7-44 不同展卖空间的氛围五

图7-45 不同展卖空间的氛围六

7.4.2 空间处理手法

（1）形态的变异性与内涵性。要表现出一种引人投入的空间情态，需要使用形象。按照类型学的做法，保持结构不变，对非结构部分进行各种变化，以达到形象新奇、引人注意的效果。

（2）色彩的视觉冲击力。视觉有三要素：形、光、色。光与色总是分不开的。室内空间的光和色能引起人们视觉的注意和集中，并引起人们对视觉对象的兴趣。室内设计师要结合人们的色彩心态，引起人们的注意，通过导向，激发人们的购物欲望。

（3）主题的形象化和隐喻性。展卖空间具有商业目的，把主题形象化是关键。但是如果直截了当地交代出主题，露多藏少，则缺乏情趣，难以打动顾客。展卖空间主题的表达宜采用暗示、隐喻等含蓄的表现手法。（图7-46~ 图7-49）

图7-46　展卖空间的隐喻性

图7-47　展卖空间的新奇性

图7-48　展卖空间的序列导向性

图7-49　展卖空间夸张有趣

7.5
文教空间

文教空间是文化空间和教育空间的统称。文化空间包括图书馆、博物馆、纪念馆、艺术馆等各类陶冶情操、愉悦精神的室内空间。教育空间包括学校、培训中心等。

文教空间具有文化属性。在文教空间设计中，文化氛围的形成是一个全面的、系统的重要问题，应综合考虑。文教空间文化氛围的形成可以从以下几个方面着手。

（1）总体规划。总体规划应体现文脉的传承，通过建筑群组、功能建筑小品、雕塑小品等的总体布局，突出文教空间独特的文化气质，传递出特定的文化气息。

（2）建筑风格。"建筑是凝固的音乐。"建筑既是功能的载体，也是艺术的载体，它的风格对文化氛围的形成起着举足轻重的作用。建筑或古典，或现代，或折中，或高科技，不同的风格能让人感受到不同的文化。

（3）室内景观。不同风格的室内景观可以传达出不同的审美情趣甚至哲学思想。

（4）雕塑小品。雕塑小品在室内空间中起点缀作用，对文化主题的表达起画龙点睛的作用。

要想营造一个和谐、自然的文化氛围，可从这四个方面着手，由大到小，由广及微，由简入繁。（图 7-50~ 图 7-52）

图7-50 文教空间的氛围一　　图7-51 文教空间的氛围二　　图7-52 文教空间的氛围三

7.6
娱乐空间

娱乐空间具有休闲性。在进行娱乐空间的设计时，要特别注意它的色彩搭配、照明设计、界面处理和陈设品选择。

例如，对于大型的演出，出于表演厅面积大，所以平面布局应丰富多变、错落有致，以避免单调、空荡。舞台是全场注目的焦点，可适当运用电动机械及现代科技使舞台显得灵活多变。现代的舞台不仅要有主表演台，还需要在观众区设置副表演台，并将副表演台与主表演台相连接，让演员与观众有更多近距离的接触，共同制造气氛。当然，舞台还可以是立体的、多角度的。例如，空中舞台和高架天桥，使演员可与二层观众直接亲密接触，同时演员从地下通道出场的方式尽显神秘。电动升降梯可连接一、二层舞台，以上、下纵横三维的立体舞台打破传统的表演方式，让观众有耳目一新之感。又例如，有的酒吧以蹦迪为主，舞池相对较小，有时在同一个空间内同时设几个小舞池供顾客分别使用。由于顾客几乎全是年轻人，故舞厅装修装饰相对活跃，动感十足，造型、色彩、图案、材料更加时尚和奇特，甚至怪诞和另类。这种舞厅也可设置表演用的舞台。此外，还可有一个或几个领舞台，供领舞者使用。

现代休闲娱乐场所首先是一种社交场所，是一种休闲场所，注重的是环境和气氛的营造，即注重辅助照明和装饰照明设计。舞台照明有三个要点：第一，应有足够的清晰度，使观众能看清演员的动作和表情；第二，应使演员具有一定的立体感和优美的造型，使演员的形象更真实动人；第三，应充分利用光色效果渲染气氛和表达剧情。

对于休闲娱乐场所，在强调装饰照明的同时，也绝不能忽视照明的功能性要求，大堂、走廊、楼梯等公共区域照度要有保证，灯光搭配应防止眩光的产生；座席的设置要考虑安全方便的交通组织和疏散，使观众能安心、专注地观赏演出。

娱乐空间要选择既能满足声学要求，又有良好的艺术效果的装饰材料，把装修艺术和声学原理结合起来，充分体现娱乐观演建筑室内艺术的特征。（图7-53~图7-56）

图7-53 不同娱乐空间的氛围一

图7-54 不同娱乐空间的氛围二

图7-55 不同娱乐空间的氛围三

图7-56 不同娱乐空间的氛围四

思考与练习

收集各类室内空间的资料，对室内空间整体的设计定位、布局、造型、色彩等各方面进行分析，做出相应的评价，以PPT的形式汇报。

下 篇

景 观 篇

第 **8** 章

景观设计的
基本理论

一、教学基本内容

本章主要针对景观和景观设计进行一般性的介绍，内容围绕景观设计学的概念，景观设计学与相关学科的关系，景观的类型，景观设计的相关理论、目的、特征、阶段和程序展开。

二、教学目标

通过对本章的学习，学生应对景观和景观设计形成综合性的认识，理解景观设计与环境之间的关系，并对景观设计的过程有所了解。

三、教学重难点

景观设计的不同空间类型是本章的教学重难点。

8.1
景观设计概述

8.1.1 景观设计学的概念

景观设计学是一门关于如何安排土地及土地上的物体和空间，为人们创造安全、高效、健康和舒适的环境的科学和艺术。该专业在国际上称为 landscape architecture，由被称为美国景观设计学之父的奥姆斯特德的儿子小奥姆斯特德在 1901 年在哈佛大学创立。

根据解决问题的性质、内容和尺度的不同，景观设计学包括两个方面的内容：景观规划和景观设计。

景观规划是指在大规模、大尺度的范围内，基于对自然和人文过程的认识，协调人与自然之间关系的过程，如场地规划、土地规划、控制性详细规划、城市设计和环境规划等。

相对于景观规划来说，景观设计是指在经过土地规划后的某一特定场所、尺度范围较小的空间内进行的环境设计。因此，景观设计是以景观规划为基础，集土地分析、管理、保护等众多任务于一身的科学。景观设计涉及自然科学和社会科学两大学科，主要设计要素包括地形、水体、植被、景观建筑和构筑物，以及公共艺术品等。景观设计主要服务于城市居民的户外空间环境设计，包括城市广场、商业步行街、居住区环境、室外运动场地、城市街头绿地、公园、滨湖滨河地带、旅游度假区和风景区中的景点设计等。

8.1.2 景观设计学与相关学科的关系

景观设计学的英文为 landscape architecture，直译为景观建筑学，我国也将它翻译为风景园林学，并于 2011 年将它升级为工学一级学科，但景观设计学的说法仍然被人们普遍接受。相当一部分学者认为，景观设计学是建筑学学科的延伸，因为事实上很多景观设计师同时也是建筑师，很多景观设计项目是由建筑师完成的。但是另一部分学者持不同的看法。他们认为，景观应该和雕刻、绘画、建筑一样，是不同层次的艺术和学科门类。

从学科专业角度看，建筑学、城市规划学、景观设计学经过这么多年的飞速扩展和深化，已经发展成各有侧重、分工明确的三位一体格局。与建筑学、城市规划学一样，景观设计学的目标也是创造人类聚居环境，三个专业的核心都是将人与环境的关系处理落实在具有空间分布和时间变化的规划设计上，所不同的是专业分工：建筑学侧重聚居空间的塑造，专业分工重在空间实体；城市规划学侧重聚居场所（社区）的建设，专业分工重在以用地、道路交通为主的人为场所的规划；景观设计学侧重聚居领域的开发、整治，专业分工在大范围内重在对土地、水、大气、植物等景观资源与环境的综合利用和再创造，在中、小范围内重在对都市、村庄开放空间的规划设计。

8.1.3　景观的类型

景观按空间类型可分为广场景观、公园景观、居住区景观、滨水景观、道路景观、校园景观、工业遗址景观等。（图 8-1~ 图 8-3）

图8-1　景观一　　　　　　图8-2　景观二　　　　　　图8-3　景观三

1. 广场景观

广场是指为满足城市社会生活需要而建设的，以建筑、道路、山水、地形等围合，由多种软、硬质景观构成，采用步行交通手段，具有一定的主题思想和规模的节点型城市户外公共活动空间。

2. 公园景观

公园一般是指政府修建并经营的作为自然观赏区和供公众休息游玩的公共区域，具有改善城市生态、防火、避难等作用。

城市公园分为综合公园、社区公园、专类公园（动物园、植物园、儿童公园等）和带状公园等类型。

3. 居住区景观

居住区是指具有一定的人口和用地规模，并集中布置居住建筑、公共建筑、绿地、道路以及其他各种工程设施，被城市街道或自然界限所包围的相对独立的地区。居住区按规模大小和等级的不同分为居住区、居住小区、居住组团。

4. 滨水景观

滨水区域一般是指同海、湖、江、河等水域濒临的陆地边缘地带。营造滨水景观是指充分利用自然资源，把人工建造的环境和当地的自然环境融为一体，增强人与自然的可达性和亲密性，使自然开放空间对城市、环境所起的调节作用越来越重要，形成一个科学、合理、健康且完美的城市格局。

5. 道路景观

道路是指供各种无轨车辆和行人通行的基础设施。按使用特点，道路分为城市道路、公路、厂矿道路、林区道路和乡村道路等。

6. 校园景观

校园一般用围墙划分出可供学校教学和生活使用的范围，包括开展教学活动、课余活动、学生和某些与学校相关人员的日常生活的区域。也有一些学校没有用围墙明显地划分出可使用的范围，这种形式在国外大学城较常见。

7. 工业遗址景观

工业遗址是指为了工业活动而建造的、目前已经不再使用的建筑和结构。工业遗址景观包括具有历史、技术、社会、建筑或科学价值的工业文化遗迹，包括建筑和机械、厂房、生产作坊和工厂矿场以及加工提炼的遗址、仓库货栈，用于生产转换、交通运输的场所。

8.2 景观设计的相关理论

8.2.1 环境心理学

环境心理学是研究环境与人的行为之间的关系的学科，着重从心理学和行为学的角度探索人与环境的最优化适应，涉及行为心理学、医学、社会学、人体工程学、人类学、生态学、规划学、建筑学等多门学科。

环境心理学使景观设计更多地关注人的存在，使景观设计更好地为人服务。进行景观设计时，要意识到个体的行为心理存在差异性。这种差异性普遍存在，是受人的生活经历、知识结构、文化传统等因素影响所致，不同的人面对同一空间环境所产生的心理和行为反应是不同的。有些景观的使用群体相对比较固定，他们一般具有较相似的生活方式和行为习惯，因此在设计时要针对此类人群进行重点分析。有些景观面对的使用人群比较复杂、变动较大，因此设计时要考虑大众普遍的行为心理，以适应更为复杂、多元化的需求。

8.2.2 景观生态学

"景观生态学" 一词是德国地理学家 C.特罗尔于 1939 年提出来的。作为一门学科，它在 20 世纪 60 年代在欧洲形成。欧洲传统的景观生态学是区域地理学和植物科学的综合，土地利用规划和决策一直是景观生态学研究的重要内容。

简单来说，景观生态学主要研究由土壤、水文、植被、气候、光照等因素所形成的生物生存环境以及它们之间的动态关系。因此，在进行景观设计时，要充分考虑景观中的各种生态要素以及它们之间的平衡关系，用生态学的理论来分析和指导景观设计的过程，科学、合理地处理好人类与自然环境的关系，维护生态平衡。

近年来，工业化快速发展致使人类生存环境遭到污染，加上人类不合理的资源开采和利用，某些资源濒临枯竭，生态平衡遭到破坏，因此，对景观生态学的研究显得尤为重要。景观生态学的生命力还在于它直接涉及城市景观、自然景观等人类景观课题，用生态学的观点、方法来研究人类生存环境，在综合分析的基础上研究景观的动态变化、相互作用间的物质循环和能量交换以及系统的演替过程。

8.2.3　景观美学

　　景观美学是美学的一门分支学科，内容涉及自然景观和人文景观。具体来说，景观美学包括景观的形态美学、景观的色彩美学、景观设计中的艺术美和技术美等。

　　景观美学的研究要考虑时间因素。人们对于美的感受和审美标准是随着整个社会的发展而不断变化的，体现出人们对于美的不断探索。从古代造园艺术到现代景观营造，人类一直试图建设理想的生活环境，审美标准发生了很大变化，空间形态也表现出巨大差异。

　　景观美学研究还要考虑社会群体层面的审美特征。大众对于美的认知和审美标准也不尽相同，存在着个体的差异，这就要求景观美学对人的审美认知的研究具有普遍意义，研究大众普遍的审美需求。在景观设计中，研究社会群体共有的审美需求和认知习惯往往比关注个体的审美差异更为重要。另外，人类对于美的认知还表现出地域性特点。人们生活在不同的地域环境，在民俗文化、风俗习惯、生活方式等方面有很大差别，审美标准大相径庭。可见，在设计中对于景观美学方面的研究不能简单化、同一化，应该充分顾及景观美学的复杂因素，因地制宜，因时制宜，营造符合时代特征和大众审美需求的景观环境。

　　当将各个相关方面整合成一个和谐的整体时，景观设计才能真正实现其价值。（图 8-4）

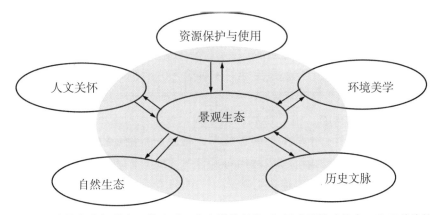

图 8-4　当将各个相关方面整合成一个和谐的整体时，景观设计才能真正实现其价值

8.3
景观设计的目的和特征

8.3.1　景观设计的目的

1. 功能性
功能目的是景观设计最直接的目的。每个景观都有各自不同的用途，使用目的决定

了景观设计方案的制订及与景观配套的建筑和相关设施的设计。美化环境，改善人类生存空间的质量，创造人与自然、人与人之间的和谐可以看作是景观设计的最终目的。

2. 美观性

景观设计的另一个目的是给人带来最大程度上的美的享受。优良的景观设计可以使杂乱无章的生活变得舒适、井井有条；而健康、舒适、安全、具有长久发展潜力的生活环境可以调节人的情感和行为，使人觉得愉悦、满足、充满生气。

3. 可持续发展性

景观设计还有一个作用，那就是保护生态环境，改善环境小气候，以绿化和水景等提高环境的舒适度，创造出一个满足现代人的需求且不影响后代人的使用利益，景色优美、环境卫生、情趣健康、舒适方便、人与自然和谐发展的景观空间。

8.3.2　景观设计的特征

1. 开放性

景观空间是一个开放的、由公众参与和认同的公共空间。景观空间为人们在室外活动及在公共场所中休息与交流提供方便，具有舒缓由城市高密度居住环境所造成的压抑感、满足人的最基本的物质需求和精神需求的功能。在这些开放的共享空间中，人们体会社会存在，显示自身价值。同时，在这样的空间中，人们在行进和观察的过程中，具有多视域的观赏角度，从而体现出景观空间的开放性。

2. 大众性

作为公共环境中的景物，景观应具有与公众产生交流的特性。景观不是与公众保持着距离的完全独立的作品，而应具有与公众对话、互动的功能，能让人观赏和玩乐，能让人触摸、嬉戏、攀缘其上。在造型、色彩、体量、材料的运用中，将大众的审美心理、物质需求作为出发点来考虑，是生活的一种艺术体现，可为城市增添生机和活力。

3. 独特性

环境空间是复杂多变的，由于自然因素、时代变迁、社会和环境中使用者的差异，会形成不同的景观，需要有不同的环境设施与之相匹配，景观设计由此呈现出多元化的格局。在大环境的框架中，设计者应运用各种艺术手法，以不拘一格的独特语言，来满足人们对健康生活和鲜明个性的追求。

4. 综合性

景观设计将城市、广场、街道、园林、雕塑小品、公共设施等看成是一个多层次、多元化的有机综合体。景观空间是一个被创造出来的人造环境，景观设计要综合考虑人文题材、地域特色、民俗民风、环保意识、设施的使用功能、材料因素等，涉及人文科学、艺术学、社会学、视觉心理学、民俗学、材料学等学科，并纳入总体的环境规划系统中。受牵制的面越多，景观设计综合性的特点越突出。

5. 延续性

城市景观环境的形成，往往经历数百年的时间。它以各种形态与城市的建筑一起作为历史的延续，既有历时性，又有共时性。所谓历时性，是指城市的构成有一个历史的过程和先后顺序，以历史的遗存给人以自然、亲切、丰富而不刻意的印象；所谓共时性，是指城市中的建筑、景观设施，无论是古代的，还是现代的，都在同一时空中，在四维空间中作为共存的事物呈现，相互之间存在一种相互匹配、兼容、协调的关系。进行景观设计时增补得当、尊重历史，将会形成独特的有延续性的景观文脉。

8.4
景观设计的阶段和程序

8.4.1 景观设计的阶段

根据景观设计的相关规律，景观设计应该是从整体到局部、从宏观到微观逐步深入的。景观设计可分为三个主要阶段。

1. 前期准备阶段

景观设计的前期准备是指设计者通过与投资方、业主接触，接受设计委托，初步了解设计对象的性质和内容，并根据所收集的资料和对设计现场的勘察分析，对设计对象有一个总体上的把握。景观设计的前期准备是接下来进行方案设计的基础。

2. 立意构思阶段

立意构思阶段是整个景观设计最重要的阶段。在这一阶段，景观设计方案从无到有逐渐成形，并对下一步的进展起到至关重要的作用。

3. 比较完善阶段

比较完善阶段是景观设计的最后一个阶段。比较完善是指在景观设计方案的立意构思基本确定之后，对细部设计和相关施工建造技术上的问题做最后的斟酌和推敲，使景观设计方案趋于完善，最终用详尽的图纸和景观模型等表现方式将景观设计成果清晰地呈现出来。

8.4.2 景观设计的程序

具体来讲，景观设计的程序如下。

1. 接受设计委托

设计任务书一般由委托方以书面形式提出，包括项目的名称、项目的建设地点、项目的用地概况和景观的主要使用要求等内容。设计者可以根据相关的设计依据对景观设计项目进行可行性研究，提出地段测量和工程勘察要求，落实某些建设条件，并估算出设计费用，最后双方负责人签订合约，以避免日后因误解而引发法律诉讼等问题。

2. 现状调研和测绘

无论是设计一个大的景观空间还是设计一个小的庭院，设计者在开始设计之初，都应先了解设计用地的地形、地势以及原有的地上设施和邻近环境的状况。对基地的调查、测绘和分析是一项十分重要的工作。基地调研主要包括以下内容。

（1）自然环境条件：包括地形、地质、地势、气象、气候、方位、风向、湿度、土壤、雨量、温度、风力、日照、面积等。

（2）人文环境条件：包括都市、村庄、经济、人口、交通、治安、邮电、宗教、法规、教育、娱乐、风俗习惯等。

（3）其他环境条件：如基地的建筑造型、市政排水给水系统、通风效果、空间距离、日常维护管理等。

3. 方案立意和构思

在景观设计中，立意的来源十分广泛，涉及设计的各个方面，如文脉、环境、功能、形式、技术、经济、能源等。立意的切入点有很多，有时来自一个方面，有时是多个方面的融合。一个成功的立意可以在满足功能要求、形式要求、环境要求、技术要求等基本要求的基础上，把设计对象推向更高的层次，使设计作品具有更深刻的内涵和境界。

景观设计方案的构思是指通过具体的某些景观要素，把方案的立意发展、完善。在景观设计方案的构思过程中，设计者要始终有立体空间的概念，绝不能把景观的立体形态简单分割成平面、立面、剖面的设计。从构思开始，景观就是一个立体的整体。在构思中，平面和立面的关系需要反复调整。（图8-5~图8-9）

图8-5　景观平面图一

图8-6　景观平面图二

图8-7　景观剖面图

图8-8　景观计算机绘制效果图

图8-9　景观手绘效果图

4. 方案比较和深化

在景观设计过程中，设计者在设计出多个景观设计方案后，应主动对景观设计方案展开必要的比较和分析，从中筛选出相对理想的、可以继续进行深化的景观设计方案。

每个景观设计方案都有优点也有缺点，评价一个景观设计方案的优劣，应该看它是否解决了景观的主要矛盾。次要问题是可以弥补的，但主要问题不能解决或解决不好，会影响到景观设计的全局。

景观设计方案的深化包括以下方面。

（1）解决景观设计中施工建造技术方面的问题，如确立构筑物的结构、景观细部的具体做法、景观的色彩和材质等。

（2）协调景观形象与内部空间之间的关系。在方案比较和深化阶段，景观的立面和平面之间的关系随着深化发生变化，需要及时做出相应调整。在方案比较和深化阶段，设计者还应考虑景观与周围建筑物的高低、体量之间的关系，景观对城市交通的影响，以及城市规划对景观设计的要求等。（图 8-10 和图 8-11）

图8-10 景观设计方案的深化一   图8-11 景观设计方案的深化二

5. 景观的技术设计

景观的技术设计阶段是对景观艺术设计中所涉及的各种技术问题定案的阶段，包括整个景观和各个局部的具体建造方法、各个部分确切的尺寸关系及各种构造和用料的确定、各技术工种间矛盾的合理解决、设计预算的编制等。景观施工图和详图是景观设计工作的深化和具体化，也是景观设计中细部设计的表现方式，所以景观施工图和详图应明晰、周全、表达确切无误。

在景观设计中，技术设计还包括地形改造与设计、土方调整设计、实施土方调整的方法、台地设计、挡土墙设计、地下排水设计和植被的选择与栽培等。

思考与练习

1. 什么是环境？什么是景观设计？
2. 为什么说景观设计是一门综合性的艺术？

第 9 章

景观空间构成和景观空间限定方式

一、教学基本内容

本章着重分析了景观空间的构成要素——点、线、面、体，分析了景观空间的几种限定方式，并指出了景观空间营造才是景观设计的最终目的。

二、教学目标

学习本章的目的是引导学生在学习整体景观设计方法之前，对灵活运用构成景观空间的要素进行必要的理论铺垫，在深入理解景观概念的同时，为下一步更好地进行景观设计整体构思和艺术处理奠定基础。

三、教学重难点

理解景观空间的构成要素并学会灵活运用景观空间的各构成要素，以及掌握景观空间的几种限定方式是本章的教学重难点。

景观空间不能脱离各构成要素而独立存在。它是通过水体、植物等景观要素的具体形式体现出来的。

景观空间造型可概括为各种点、线、面、体的组合，这些点、线、面、体由各种景观要素承担，是景观空间形式的基本组织元素和设计语言。人们可以将景观空间中的具体的景物提炼成抽象的点、线、面和体，以便理解和记忆。反过来，设计者也可以从抽象的点、线、面和体入手进行景观设计。可以说，景观设计是一个多层面、多角度的设计过程，而将实体元素抽象成点、线、面、体抽象元素，并利用形式美法则进行创作是其中重要的方法之一。

9.1 景观空间构成

9.1.1　点

1. 点的概念

点是最基本和最重要的元素。在几何学中，点没有大小、长度和宽度，没有方向，仅表示位置。点表示着一条线的开始和结束、两条线相交和相接之处、面和面角部线条的相交处，以及一个范围的中心。点是形象的最初的源头，给人的感觉是静态的、集中的。（图 9-1~ 图 9-3）

图9-1　景观空间中点的概念一　　图9-2　景观空间中点的概念二　　图9-3　景观空间中点的概念三

2. 点的特点

单个的点有中心感、集中感。当处于一个环境的中心时，点具有很强的聚拢感；多个点规整组合，产生强烈的秩序感、精密感；点的连续排列产生线的痕迹，点的规则集合产生面的感觉；多个点的自由组合有丰富、活泼、灵动之感，点的大小不同产生深度感。但要注意，组合不当的点可能会使画面混乱、零散。

3. 点的应用

景观空间中的点是一个相对的概念。例如，公园湖区的中心岛对于整个公园湖区来说具有点的特点，对于其上的亭子来说又呈现出面的特点，这时亭子又成为空间中的点景。所以，对景观空间中点的理解应该是变通的、灵活的。

景观空间中的点是有形状、大小和位置之分的，通常体积相对较小，并且注重本身的形态造型。例如，广场上的灯具、雕塑、石块建筑、喷泉，植物造景中一棵孤植的树、花坛等，都是景观空间中形成点景的元素。面积较小的点状硬地也可以形成点的印象。（图9-4~图9-7）

图9-4　景观空间中点的应用一

图9-5　景观空间中点的应用二

图9-6　景观空间中点的应用三

图9-7　景观空间中点的应用四

点的线化与面化是在景观空间中组合点最常用的方法。点的线化可以使点起到线的作用，但比实线的直接运用更具有美感、层次感和韵律感。行道树、路灯、间隔放置的圆球形路障或种植器都属于点的线化的典型运用。点的线化使景观空间的围合既有线的特点，又具有流动性、变化感和趣味性。点的面化就是集合多数点，产生面的感觉。点的面化大体可分为规则匀质排列点和自由组合点两种方式。和单个的点不同，用于面化的点可以构成景观空间中的主体形态，形成强烈的韵律感和秩序感，增强景观空间的可识别性。（图 9-8~ 图 9-10）

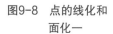

图9-8　点的线化和
　　　　面化一

图9-9　点的线化和面化二

图9-10　点的线化和面化三

9.1.2　线

1. 线的概念

点的连续排列形成线，线在视觉上具有方向性，是面的边缘和面与面的交界。从几何学概念上讲，线有长度而无宽度和深度。在城市空间里，线就是城市道路，起到交通和划分空间的作用。在某一特定场所中，线就是园路，是引导人们进行观赏的路线和布置景点的界面。（图 9-11~ 图 9-13）

图9-11　景观空间中线的
　　　　　概念一

图9-12　景观空间中线的
　　　　　概念二

图9-13　景观空间中线的概念三

2. 线的特点

按照线形，线可以分为直线（水平线、垂直线、倾斜线）、折线（锯齿状、直角状）、曲线（几何形，如圆形、半圆形、椭圆形等；自由形，如 S 形、C 形、漩涡形等；偶然形）三大类。直线具有强烈的导向性、简约感和力度美。其中，水平线使人联想到一望无垠的海洋或宽广辽阔的平原，有开阔、安静、稳重的感觉；垂直线使人联想到挺拔的乔木、高耸的建筑，给人以崇高、上升的动感；倾斜线有强烈的动势，具有现代感和朝气，但过多且不当的使用会导致空间秩序上的混乱和不安定感。曲线有流动、顺畅、柔美、自然之感，可以起到丰富、柔化、连接、统一画面的作用。

3. 线的应用

线在景观空间中的表现形式多样，一般可概括为以下两种。一种是通道，既包括供人通行的道路，也包括其他物质的通道，如溪流等。景观空间中的通道不仅具有引导游人游览景区的交通功能，而且在一定程度上决定了景观空间的结构。另一种是由各类设施形成的线状形态。另外，景观空间中的各种边界，如不同材料之间的边界（如草地与铺地之间的交界线、水体与陆地之间的交界线、不同铺地之间的交界线等），也可形成线。同一种材料之间由于高差变化也可产生线的边界，如抬高或下沉而形成的空间界限。景观空间垂直方向上的线状元素有很多，如路灯、柱子、雕塑等。（图9-14~图9-16）

图9-14　景观空间中线　　图9-15　景观空间中线　　　图9-16　景观空间中线的应用三
　　　　的应用一　　　　　　　　的应用二

在景观空间中，线有时并非是可见的，而是作为设想中的要素，如景观空间中的轴线、动线等。设计者往往会在这条假设的线上将各种点、线、面的要素以多种形式排列，以便生成轴线或动线。（图9-17和图9-18）

图9-17　景观空间中的轴线一　　　　　　　图9-18　景观空间中的轴线二

9.1.3　面

1. 面的概念

把一条一维的线向二维伸展就形成一个面。从几何学概念上讲，面有长度、宽度而无厚度。面可以是平的、弯曲的或扭曲的。舒展、开阔的区域会给人面的感觉，它受外部轮廓线的界定而呈现出一定的形状和大小。平面在景观空间中具有延展、平和的特性，而曲面表现出流动、圆滑、不安、自由、热情的特性。空间的限定可以通过地面、竖向平面、顶面来实现。对于景观设计来说，空间界限主要由地面和竖向平面形成，偶尔用到顶面。（图9-19和图9-20）

图9-19　景观空间中面的概念一　　　　　　图9-20　景观空间中面的概念二

2. 面的特点

按照形式，面可分为几何形、有机形、偶然形等。几何形是面最常见的形式，几何形面简洁、理性，呈现出力度美和秩序美，如三角形面、四边形面、五边形面、圆形面和椭圆形面等。有机形面是非几何化的，形态多样变化，不具规律性，如不规则的直线面和自由曲线面等，呈现出自然、流畅、柔和的特性。大多数景观空间是几何形面和有机形面的结合，具有明显的秩序且富有变化。偶然形面不强调秩序感，反映出自然不规则性和突发性的特点。偶然形面在景观空间中的应用不如几何形面和有机形面广泛。合理利用偶然形面自然生动的外形特点，可以营造出奇特、新颖的景观空间效果。

3. 面的应用

景观空间中的面可归纳为两种，即实面和虚面。实面是指有明确形状的、能实际看到的面；虚面是指不能清晰地看到轮廓，但可以被人们感觉到的，由点和线密集排列形成的面。

景观空间中的面状空间简洁、大气，整体感强，但是形状、大小相似的面相结合可能会产生单调、空洞之感。设计者需要通过将面与点、线相结合来丰富景观空间的层次，或通过景观空间操作手法调整面的形状和大小来改善景观空间视觉效果。面的操作主要有分割和组合两种。面的分割是指对一定的原型进行分割，以形成新形状的面。面的组合是指对分割出的形或其他更单纯的形进行组合、重叠，产生新的形态。合理地利用面的分割与组合有助于创作出富有变化和新意的景观空间效果。（图9-21~图9-23）

图9-21 景观空间中面的应用一　图9-22 景观空间中面的应用二　图9-23 景观空间中面的应用三

9.1.4 体

1. 体的概念

点、线、面的组合反映的只是一个平面内的形态关系，真正的景观空间是由立体形态构成的。体是二维平面在三维方向上的延伸。体有实体和虚体两种类型。实体由三维要素形成，虚体由其他要素（如平面）围合而成。体分为方体、多面体、曲面体、不规则体等，以及由这些体所组合而成的复合体。

2. 体的特点

景观空间由不同尺度的体构成，各种体量的体在景观空间中起着不同的作用。体的造型、尺度、比例、量感等对景观空间有着直接的影响。在进行景观空间设计时，对于体的准确把握和塑造至关重要，直接决定着景观空间的视觉质量和人的心理感受。单从体的尺度角度来说，尺度巨大的体给人以震撼、敬畏的感觉；尺度较小的体给人以亲切、轻松的感受，充满人情味。

3. 体的应用

景观空间中的体可以由建筑、构筑物、水体等元素充当，设计这些体经常是对原来简单的几何形体运用组合、连接、切割等手法进行加工变形，形成新的形态。新的形态虽然还保留着原来几何形体的一些特征，与原来的几何形体有一定的关联性，但具体的形式已很不一样。（图 9-24 和图 9-25）

图9-24 景观空间中体的应用一　　　　图9-25 景观空间中体的应用二

9.1.5　空间

　　对点、线、面和体进行组织是景观空间设计的手法，而营造景观空间才是景观设计的最终目的。景观空间可以看作是点、线、面、体的综合。在景观设计的过程中，景观空间的平面布局体现的主要是点、线、面的组织，解决的是景观空间的平面关系。点、线、面、体的综合运用对景观空间起着决定性的作用。优美的景观平面并不等同于高质量的景观空间，景观空间设计不能仅对点、线、面进行操作，应是一种整体的景观空间规划。

　　整体景观空间的规划既包括单体形态的设计，也包括整体景观空间序列的营造。营造连续、富有变化的景观空间序列是景观设计的重点。形体属于景观空间造型的范畴，是景观空间的组成要素。景观空间更为重要的是形体与形体之间空的部分。这一部分可以称为虚体，它构成人们活动的场地，是景观设计的主要内容。景观设计既包括具体要素形态的设计，也包括那些容易被人们忽视的实体之外的虚体的设计。（图9-26~图9-28）

图9-26　点、线、面、体相结合的景观空间营造一　　图9-27　点、线、面、体相结合的景观空间营造二　　图9-28　点、线、面、体相结合的景观空间营造三

9.2
景观空间限定方式

1. 围合——垂直面限定

　　围合成的空间给人的感觉比较封闭。由于人的行为多为水平方向上的，所以在围出的空间中人会觉得行动不够自由。围合成的空间会给人以私密、安全的感觉。围合只是水平方向上的，顶面仍是空的，可伸展到无限远的地方，因此围合往往会产生神奇之感。围合之物越高，围合成的空间越有封闭感、私密感和神奇感。在景观空间中，围合之物可以是景墙、植物等。（图9-29和图9-30）

图9-29　围合成的景观空间一　　　　　图9-30　围合成的景观空间二

2. 覆盖——顶平面限定

覆盖所形成的空间给人以含蓄、暧昧之感，因为它只有顶，没有墙，人可以自由出入其间。景观设计常常采用这种限定方式，如常见的凉亭或张拉膜结构就是由顶平面限定形成的覆盖空间。人的行为基本上是水平方向上的。从心理学上说，覆盖空间具有水平方向上的自由性，满足了人们行为习惯的需要，具有进一步升华为美的形象或成为一种审美符号的可能。（图9-31和图9-32）

图9-31 覆盖出的景观空间一　　　　　　　图9-32 覆盖出的景观空间二

3. 凹入

地面凹下去的部分限定出一个凹入空间。凹入空间比较内敛、含蓄，属于藏型空间。地面凹下去越多，凹入空间的限定感越强。（图9-33和图9-34）

图9-33 凹入形成的景观空间一　　　　　　　图9-34 凹入形成的景观空间二

4. 凸出

地面凸起部分所形成的空间叫作凸出空间。人水平行走到凸出空间的起始边界处时，要做登上去的运动，因此，凸出空间对人的行为和情态具有显现性。也正因如此，舞台、祭坛等都做成凸出空间的形态。（图9-35和图9-36）

图9-35 凸出形成的景观空间一　　　　　　　图9-36 凸出形成的景观空间二

5. 架起

架起空间的限定与凸出空间相似，只是架起空间的下部是空的。架起空间往往会产生活泼、多变的感觉，因此在游乐空间中比较常见。（图 9-37 和图 9-38）

图9-37　架起形成的景观空间一

图9-38　架起形成的景观空间二

6. 设立

所谓设立，是指将一个实心的物体（即设立物）设置在场所中间，物体的水平占有范围小，物体四周的空间是该物体所限定的空间。纪念碑就是这种景观空间。这种景观空间较为含蓄，而且边界是不稳定的，时大时小。设立所形成的景观空间的范围随设立物本身的大小而定，设立物越大，空间的限定感越弱，反之越强。有人把这种空间称为负空间，它与围合成的正空间相对立。（图 9-39~ 图 9-42）

图9-39　设立形成的景观空间一

图9-40　设立形成的景观空间二

图9-41　设立形成的景观空间三

图9-42　设立形成的景观空间四

7. 肌理变化——底平面限定

在一个没有垂直面、顶平面和凸起或凹入的平面的条件下，可以利用地面上的图案、肌理、色彩变化等形成一种特殊的空间感。这种限定是一种心理感觉。在公园或广场中，常用地面材料的肌理变化来限定出空间。（图 9-43 和图 9-44）

图9-43　肌理变化形成的景观空间一　　　　　图9-44　肌理变化形成的景观空间二

思考与练习

1. 结合一处具体景观空间（配图说明），谈谈该景观空间中的点、线、面和体的构成。

2. 结合一处具体景观空间（配图说明），谈谈该景观空间所使用的限定方式。

第 *10* 章

景观空间的
分类

★**教学引导**

一、教学基本内容

本章系统地介绍了景观空间的分类，并穿插实际案例图片，使抽象、难理解的知识点具象化、形象化。

二、教学目标

本章通过多媒体课件教学、小组研讨等方法，使学生在吸收理论知识的同时，形成感性认识，并延伸到设计方案中，完成实践项目任务的训练。理论课程的学习不是最终的目的，本章的教学目标是提升学生学以致用的能力，使理论知识可以运用到实际项目中。

三、教学重难点

本章第一节介绍了城市公园，第二节针对城市广场进行介绍，第三节重点讲解了住宅区景观空间，第四节介绍了庭院景观空间，第五节介绍了滨水景观空间，第六节介绍了道路景观空间。在本章中，景观空间的分类和特点是重点，景观空间设计的方法是难点。

10.1
城市公园

城市公园是随着城市的发展而兴起的，经历了一个从封闭到逐步开放的过程。城市公园最早出现在英国，是一个城市对外开放的重要空间组成部分，也是城市设计的重要内容。城市公园是城市文明和繁荣的象征，是城市中的绿洲。城市公园是指向公众开放，以提供游憩功能为主，配有一定的游憩和服务的基础设施，同时兼有保护生态、美化景观、防灾减灾等综合作用的绿化用地。它是城市建设用地、城市绿地系统和城市市政公用设施的重要组成部分，是衡量城市生态绿化水平和居民生活质量的一项重要指标。

为了改善人们的生活环境，城市公园建设成为城市建设中的重要部分。对于居住在建筑"丛林"中的人们来说，城市公园提供了一个供旅游、观光的城市休闲生活带。它是随着城市生活的空间需求而逐渐产生、发展、成熟起来的。（图 10-1 和图 10-2）

图10-1　城市公园一

图10-2　城市公园二

10.1.1　城市公园的分类和特点

公园是由国家、政府以及公共团体出资建造和经营的，为公众提供游览、休息、观赏、娱乐、健身、儿童游乐等户外活动的基地。每个国家对公园有各自的分类标准和方法，把公园分成不同的种类。例如，美国将公园分为儿童公园、近邻娱乐公园、运动公园（包括运动场、田径场、高尔夫球场、海滨游泳场、露营地等）、教育公园、广场公园、市区小公园、风景眺望公园、滨水公园、综合公园、保留地、道路公园和花园路等12类，德国的公园分类体系把公园分为郊外森林公园、国民公园、运动场和游戏场、广场、花园路、郊外绿地、运动公园、分区园等8类。

我国根据主要功能和内容的不同，将城市公园分为综合公园、社区公园、专类公园、带状公园和街旁绿地等。一般来说，综合公园面积不大于10公顷（1公顷 =10 000平方米），儿童公园的面积不大于2公顷，植物园面积不大于40公顷。不同类型、不同层次的城市公园有其各自的特点，虽然在设计方法和流程上基本一致，但设计时应针对城市公园的类型提出不同的规划、建设和管理要求。

（一）综合公园

综合公园一般是指市、区范围内面积较大，自然环境良好，休息、活动及服务设施完备，为公众提供开展休息、文化娱乐等各类户外活动的场所，具有综合性功能的绿地空间。综合公园内有明确的功能分区，有风景优美的自然环境和丰富的植物种类，四季都有景可赏。综合公园占地面积通常比较大，能适应不同人群的要求。

综合公园按服务范围可分为全市性公园和区域性公园。全市性公园为全市居民服务，是占地面积最大的城市公园，位于市民乘车30分钟到达的位置。区域性公园是指在城市中为满足不同区域的居民的需要而设立的。区域性公园的位置以市民以步行15分钟能够到达确定。综合公园设置的数量综合考虑城市的大小、规模、性质、用地条件、气候等因素确定。（图10-3）

图10-3　综合公园

一般对综合公园的游人容量有要求。在节假日里，游人的容量为服务范围内居民人数的15%~20%，每个游人在综合公园中的活动面积为10~15 m²。综合公园往往是举办节日游园活动、介绍时事新闻、为青少年和老年人组织集体活动的重要场所。综合公园中的自然要素和人工要素应能潜移默化地影响游人，寓教于乐，陶冶游人的情操，放松游人的心情。综合公园在城市中的位置，应在城市绿地系统规划中结合河湖系统、道路系统和生活居住地的规划情况确定，保证既能最大限度地利用原有的自然要素，又拥有比较好的可达性。

（二）社区公园

社区公园是指为一定居住用地范围内的居民服务，具有一定的活动内容和设施的城市公园。社区公园是居民进行日常娱乐、散步、运动、交往的公共场所。在通常情况下，社区公园包括居住区公园和小区游园。社区公园与居民的生活关系密切，规模根据居住区的规模和人口数量而定。社区公园应充分考虑到儿童和老年人的需求，设置足够的儿童活动设施，同时满足老年人的游憩需要。（图10-4和图10-5）

图10-4　社区公园一　　　　　　　　　　图10-5　社区公园二

（三）专类公园

专类公园是指以某种使用功能为主的公园绿地，是城市公园中的一种。专类公园可分为儿童公园、历史名园、风景名胜公园、游乐公园、植物园、雕塑公园、体育公园、纪念性公园等。每一种专类公园都有其独特的功能和特点。以下对有代表性的专类公园展开介绍。

1. 儿童公园

儿童公园是指专门为儿童设置的专类公园。它的服务对象主要是儿童和带儿童的成年人。儿童公园应充分满足儿童的各种需求，以儿童的生理、心理和行为特征为核心进行设计。

通常儿童公园面积不宜过大，可按照不同年龄儿童使用比例划分用地。儿童公园应建在日照好、通风佳、交通安全的地段，用色明亮，造型活泼，绿化率高，植物配置无毒无刺，有利于儿童的成长。（图10-6和图10-7）

2. 历史名园

历史名园是指历史悠久、知名度高、体现传统造园艺术并被审定为文物保护单位的园林绿地，属于文化遗产，如北京颐和园、苏州拙政园、南京的雨花台和中山陵、成都的杜甫草堂等。历史名园设计要强调其纪念性和教育性，同时提供一定的休憩和游览场所。（图10-8和图10-9）

3. 体育公园

体育公园在通常情况下是指以体育运动为主题的专类公园。体育公园把体育健身场地和生态园林环境巧妙地融为一体，是体育锻炼、健身休闲型公共场所。体育公园有较

图10-6　儿童公园一

图10-7　儿童公园二

图10-8　历史名园一

图10-9　历史名园二

完备的体育运动和健身设施，为各类比赛、训练及市民的日常休闲健身和运动提供服务，是含有体育设施的城市公园。（图 10-10 和图 10-11）

图10-10　体育公园一

图10-11　体育公园二

4. 主题公园

主题公园又称为主题游乐园或主题乐园，是以某个特定的内容为主题建造出的民俗、历史、文化和游乐空间。主题公园是现代旅游发展的主体内容和未来旅游发展的方向。主题公园呈现出与其他专类公园不同的特色，是以主题情节贯穿整个游乐项目的休闲娱乐活动空间。（图 10-12 和图 10-13）

（四）带状公园

带状公园是指结合城市道路、城墙、水系、铁路等建设的，具有　定的游憩功能并

图10-12　主题公园一　　　　　　　　图10-13　主题公园二

配有设施的狭长形绿地。带状公园是城市绿地系统颇具特色的构成要素，承担着城市生态廊道的职能。

　　带状公园是区域人群集中的场所，必须提供足够的活动场地。带状公园的地形受到限制，但最窄处必须满足游人通行、绿化种植带延续和小型休息设施布置的要求。带状公园有很强的导向性。进行带状公园设计时，在创造整体气势的同时，应注重在空间序列中形成人性化的层次空间，以便让人们发掘耐人寻味的细节。（图 10-14）

图10-14　带状公园

（五）街旁绿地

　　街旁绿地是指位于城市道路用地之外，一般处在重要的交通节点上，人流、物流较为集中，相对独立成片的绿地。街旁绿地要坚持以"以人为本"的设计理念为指导思想进行设计，常采用敞开形式，即使有围护，通透性仍然较强。街旁绿地能给过往的行人带来较为强烈的视觉冲击，给行人留下深刻的印象，可作城市的"名片"，起到良好的城市宣传作用。（图 10-15 和图 10-16）

10.1.2　城市公园的设计要点

（一）定位和主题

　　定位和主题是城市公园设计应首要解决的问题。城市公园的定位一般根据城市整体公园绿地系统的构成和城市公园的内容来决定。城市公园的规模、所处的地理位置、服

图10-15　街旁绿地一　　　　　　　　图10-16　街旁绿地二

务对象等，与城市公园的定位有着密切的关系。城市公园可根据定位、设计条件、设计要求和设计者的理念确定相应的主题。城市公园的定位根据景观内容可分为文化休闲公园、历史名园、风景名胜公园、植物园、盆景园等。

（二）功能性原则

城市公园是一种为城市居民提供的、有一定使用功能的绿化场所。功能性原则是城市公园设计必须遵守的原则。设计者应将以人为本的理念贯穿城市公园设计的始终，做好对城市居民的心理调查研究，以满足不同年龄层次、不同职业的人们的共同需要为原则，对城市公园进行合理的功能分区。城市公园中常见的功能区主要有安静休息区、观赏游览区、文化娱乐区、儿童活动区、老年人活动区、体育活动区、公园管理区等。

城市公园是一个协调、统一的有机整体。设计者在设计城市公园时，在注重保持其发展的整体性的同时，还应考虑各功能区之间的联系，既要注意各功能区之间的区分，又要考虑各功能区之间的联系以及功能的适当融合。在功能分区过程中机械地将老年人活动区和儿童活动区完全分离开，会对使用者造成不方便。设计者在设计城市公园时应根据各功能区具体的功能，对各功能区设置适合的设施。

（三）地域性原则

地域性包含自然地域和地方人文特征两个方面的内容。地域性原则应当贯穿城市公园设计的始终，设计者在分析场地现状时就应该注重了解城市公园所在地的地域特征和风俗文化，挖掘地方特色，打造属于所在地专有的景观类型。另外，设计者在设计城市公园时应注重乡土植物的运用，尽量使用当地的植物和建材。

10.2
城市广场

10.2.1　城市广场的概念和分类

（一）概念

"广场"一词源于古希腊，是城市政体的产物，最初是民众集会或举行大型活动的场所，位置是松散、不固定的。随着历史的发展和城市的演变，城市广场无论是在形式上，还是在内涵上都发生了巨大的变化。现代的城市广场含义更加宽泛，已不再仅仅指市政广场，成为城市居民生活空间的一部分，受到越来越多的人喜爱。它一般是由建筑、道路和绿化带等围合或限定形成的开敞的公共活动空间。城市广场的作用已经不仅仅局限于为民众集会或举行大型活动提供场所，更多地表现为提高城市空间整体的艺术气质，为市民提供绿色休闲的空间等。

　　城市广场是人流密度比较高、聚集性比较强的开放空间。它贴近人的生活，成为城市居民生活中不可缺少的空间类型，被誉为"城市客厅"。硬质场地面积占主导地位是城市广场的特征之一。花草和绿化区面积超过硬质场地面积的城市开放空间是城市公园，而不是城市广场。（图 10-17 和图 10-18）

图10-17　城市广场一　　　　　　　　　　　　图10-18　城市广场二

（二）分类

　　现代城市广场是为了满足城市功能的需要而建设的，是城市开放空间的重要组成部分。随着时代的进步，城市广场的种类不断增多。按照形态，城市广场分为规整形广场、不规整形广场和广场群等。按照主要功能，城市广场分为市政广场、纪念性广场、商业广场、交通广场、文化广场等。每一种城市广场都或多或少具备其他类型城市广场的某些功能。所以，按主要功能对城市广场进行分类是相对的，是以城市广场的主要功能特征为依据的。

1. 市政广场

　　市政广场一般坐落在城市的中心区，多用于为政治文化集会、庆典、游行、检阅、传统的节日活动提供场地。市政广场与城市的主干道相连接，便于人们集中和疏散。市政广场面积较大，设有纪念性建筑或纪念碑，布置在市政建筑或者重要的行政建筑旁边，作为市民参与市政的一种象征。在重大节日，市政广场可用于民众集会；在平时，市政广场可供人们游览和开展一般的活动。市政广场应具有良好的可达性和流通性，通向市政广场的主干道应有相当的宽度和道路级别，以满足大量密集人流畅行的要求。

　　市政广场最初作为市政府与市民定期对话和组织大型集会的场所，布局一般较为规则，通常采用对称格局，以突显稳重、庄严的视觉效果（这也受到市政广场建筑布局的影响）。市政广场应提供足够的硬质场地，谨慎设置高差，且场地铺装应素雅、有层次。市政广场在植被种植方面应以规则式布置为主，且植物的色彩应协调、统一，以求与整体空间气氛相吻合。众所周知的北京天安门广场就是市政广场。

2. 商业广场

商业广场主要为商业贸易活动服务，一般位于城市商业繁华地区，交通便利。为了满足市民购物的需要，有些商业广场把室内商场与露天市场、半露天市场结合在一起。除购物需求外，商业广场还能满足人们休息、娱乐、交友、餐饮等需求，是城市中最具活力的广场类型。商业广场周围主要设有商业建筑，也可布置剧院和服务性设施。（图 10-19）

图10-19　商业广场

商业广场多以大型的购物圈为依托，设计时在注重投资经济效益的同时，应兼顾环境和社会效益。城市商业区通常由各种商业街和商业广场构成。商业广场一般位于整个城市商业区主要流线的节点上，形成商业街上的集中开敞空间。整个城市商业区应根据周围环境的特点进行设计，合理布置各种景观元素，以满足各种功能的需求，使人们在购物的同时还可享受到舒适，并取得社会效益、环境效益、经济效益三大效益的综合平衡。

3. 交通广场

交通广场的主要功能是保证交通顺畅，使人流和车流互不干扰。交通广场有足够的面积和空间，满足车流、人流的安全需求，是城市交通系统的重要组成部分。（图 10-20）

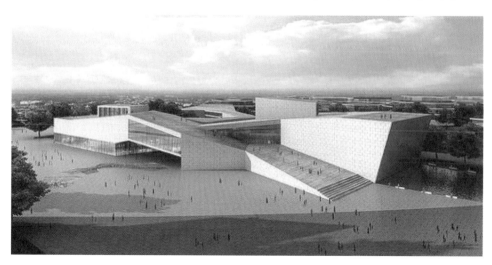

图10-20　交通广场

交通广场在规划上多采用几何形态。由于客流量大，为了满足大量人群集散的要求，交通广场多利用低矮的灌木、绿篱、鲜花和草坪进行功能空间划分和引导交通。

4. 文化广场

文化广场主要用于为市民提供良好的户外活动空间，满足市民节假日休闲、交往、娱乐的需求。文化广场一般设置在城市历史文化遗址、风景名胜和文物古迹附近，可为市民提供一个具有浓郁文化氛围的室外活动空间。

文化广场是供市民学习、娱乐、交流的开敞空间，设计时宜保持环境幽静，禁止车流穿行。进行文化广场设计时，可以利用地面高差、植物、雕塑小品、铺地色彩和图案面等进行限定分割，形成空间的层次感，以满足不同文化、不同人群对文化广场的要求。

10.2.2　城市广场的设计要点

现代城市广场是具有开放空间的各种功能和意义，并有一定的规模要求的景观空间。城市广场的设计质量对提高整体城市空间形象至关重要。设计城市广场时，要按照景观设计的程序和方法，对场地进行细致周密的调研、分析，根据城市广场空间的特点进行有针对性的设计，以使设计出的城市广场折射出现代特有的城市文化现象，成为展现城市精神文明的窗口。

（一）人性化

人们越来越喜欢户外活动。尊重市民的合理需求，使城市广场空间得到更加有效的利用，是城市广场设计的重点，也体现出人性化的设计原则。例如，人有与他人交流的需求，有时也需要独处，行走时有抄近路的习惯等，这些在设计城市广场时要注意到。城市广场的人性化设计还表现在城市广场功能的完善度上。

（二）设置合适规模的硬质场地

铺地是城市广场设计的一个重点，它最基本的功能是为人们的户外活动提供场所。城市广场为人们提供集聚交流的场所，人流量通常较大。城市广场中的铺地应简单且具有较大的宽容性，以适应人们多种多样的活动需要。城市广场应以硬质场地为主，并适当控制绿化种植，以增加城市广场空间的层次，形成遮阴效果。

（三）增强城市广场空间的可参与性

城市广场是供人聚集交流的场所，是人们户外活动的重要组成部分，是需要被人使用的。设计城市广场时，一方面应丰富城市广场的功能组成，提高城市广场休闲娱乐性的开发力度，使城市广场更加贴近市民的生活；另一方面，应营造人性化的共享空间，增加城市广场空间的吸引力和生命力，使不同年龄、身份、性别的市民都可以参与其中，从而使城市广场真正发挥出其在城市中的作用。

10.3
居住区景观空间

居住区景观空间是指居住小区中以居住环境为主的区域，居住环境是人们聚居、生存、活动的基本场所。随着社会经济的迅速发展和社会的进步，人们对居住质量的要求越来越高。人们经过一天的紧张工作，要回到自己惬意的住区进行休息和调整，对住宅周边的环境需求已逐渐从"居者有其屋"转向了"居者优其屋"。（图10-21~图10-26）

图10-21　居住区景观空间一

图10-22　居住区景观空间二

图10-23　居住区景观空间三

图10-24　居住区景观空间四

图10-25　居住区景观空间五

图10-26　居住区景观空间六

　　居住区景观空间既要具有满足人们生理、生活所需的物质功能，也要具备满足人心理需求、陶冶情操等精神功能。良好的居住区景观空间设计不仅能够促进城市的发展、改善城市生态、丰富城市景观、体现城市文化，还可以将自然环境、社会环境、人文环境等结合起来。居住区包括住宅以及与其相关的道路、绿地、居住所必需的基础设施和必要的配套设施等，为人们开展交通、交流、休息、锻炼和嬉戏等户外活动服务，为人们创造出安全、卫生、便捷、舒适、优雅、和谐的生活空间。

10.3.1 居住区景观空间的分类和特点

现在人们日益重视居住区景观空间。居住区景观空间已经成为影响房地产市场的重要因素。人们有一半甚至三分之二的时间在居住区度过，居住区景观空间的质量直接影响着人们的生理和心理健康。人性化原则、生态化原则、多元化原则、可持续发展原则已经成为居住区景观空间的设计原则。居住区景观空间设计不仅指公共绿地设计，还包括宅旁绿地设计、配套公寓所属绿地设计、街道绿地设计和方便居民出入的地下或半地下建筑的屋顶绿地设计。

现代居住区景观空间和传统园林最大的差别是服务对象不同。传统园林为少数人服务，现代居住景观空间为群众服务。进行居住区景观设计时，应使整个居住区景观空间在满足功能性需求的同时兼具观赏性，并充分考虑居住区景观空间的生态效应，为人们创造经济上合理、生活上舒适、心理上安全的和谐且优美的居住空间。

1. 居住区公园

居住区公园是指为一定居住用地范围内的居民服务，具有一定的活动内容和设施的集中绿地。居住区公园是规模最大、服务范围最广的居住区景观空间，一般和居住区公共建筑和服务设施组合布置，易于形成整个居住区的户外活动中心。居住区公园可以丰富城市景观和改善城市生态环境，提高城市的绿化率。居住区公园内的设置内容应包括花木、草坪、水体、凉亭、雕塑、健身休憩设施、铺装地面等。人们在居住区公园内不仅能感受到绿色，而且能就近获得宜人的日常交流场所。（图10-27～图10-29）

图10-27　居住区公园一　　　　图10-28　居住区公园二　　　　图10-29　居住区公园三

2. 居住组团绿地

居住组团绿地是指在住宅建筑组团内设置的绿地，是居住组团内最集中的绿地。居住组团绿地直接靠近住宅建筑，结合居住建筑组群布置。居住组团绿地是居住组团中的居民最为理想、方便的交往空间，应作为居住区园林建设的重点。居住组团绿地中的设施比较简单，可提供一定的休憩功能。居住组团绿地作为居住组团内的集中绿地，在视觉上和使用上成为居民环境意向中的"邻里"中心。居住组团绿地离居民的居住环境较近，居民步行几分钟即可到达，便于居民在茶余饭后来此活动。居住组团绿地为建立居民的社区认同感、促进邻里交往和建立良好的邻里关系提供了必要的环境条件。（图10-30和图10-31）

10.3.2 居住区景观空间的设计要点

居住区用地是居住区内住宅用地、公建用地、道路用地和公共绿地等四项用地的总

图10-30　居住组团绿地一

图10-31　居住组团绿地二

和，居住区应根据组织结构类型进行规划。居住区景观空间强调的是人与自然环境的融合，公共绿地部分是居住区景观空间设计的重点。公共绿地是指居住区居民公共使用的绿化用地，应包括居住区公园、小区游园和居住组团绿地及块状绿地和带状绿地等。居住区景观空间设计应根据居住区中绿地所处的位置、性质、功能，从绿地的使用对象出发，创造具有不同特征的绿地空间形态。

居住区景观空间设计还应遵循人性化原则：对于居住区内各种类型的绿地空间，应充分考虑不同年龄、职业、爱好、修养的居民在使用过程中的生理、心理需要进行设计；居住区景观空间环境资源应均好和共享，尽量保证每套住宅都能获得良好的景观效果。

10.4
庭院景观空间

10.4.1　庭院景观空间概述

庭院是指被建筑或院墙等实体要素围合而形成的院落空间。庭院景观空间一般以建筑空间为本，是最小层次的室外环境单元，相对比较封闭。庭院景观空间功能较为单一，一般仅为少数人服务。现在庭院景观空间正在由私人庭院向住宅小区、城市公园扩大。（图 10-32~ 图 10-36）

图10-32　庭院景观空间一

图10 33　庭院景观空间二

图10-34　庭院景观空间二

图10-35　庭院景观空间四　　　　　　　　　图10-36　庭院景观空间五

10.4.2　庭院景观空间的特点

（一）自然性

体现人们对自然的渴望和追求是庭院景观空间亘古不变的主题。例如，我国古代的庭院景观空间从一开始就注意到了天地、自然、人三者相融合的规律，在处理上非常注重引入自然之美。庭院景观空间成为难能可贵的与自然接触的空间类型。庭院景观空间也是城市生态绿地的有益补充。庭院景观空间在人工建筑环境中引入自然元素，为庭院增加活力。

（二）内向性

庭院景观空间与其他类型景观空间的不同之处在于，庭院景观空间具有较强的围合性，具有内向性、私密性、向心性。建筑、围墙、篱笆等元素使庭院景观空间围合边界明确，能够使人们产生归属感和亲切、安逸的心理感受。现代庭院景观空间由于具有内向性，成为人们乐于聚集和交往的空间。

10.4.3　庭院景观空间的设计要点

（一）考虑建筑空间的特点

庭院景观空间设计要注重与建筑和谐。建筑的风格在一定程度上决定了庭院景观空间的布局和造型。另外，建筑空间的功能分区和交通流线也会对庭院景观空间的布局和形态产生直接影响。庭院景观空间设计除了要保证庭院景观空间和建筑相协调外，还要注意使庭院景观空间格局和室内空间格局形成有机整体，营造出和谐的景致，并考虑建筑空间的围合所造成的光照和通风的限制。建筑空间的围合越紧密，庭院景观空间的光照面积可能越小，这时就应考虑多采用耐阴的植被。

（二）适宜的尺度设计

庭院景观空间设计需要考虑各元素之间的比例关系，大到景观形态与建筑形态的比例关系，小到一石一木的比例关系，都要进行仔细的对比、推敲。庭院景观空间的尺度不宜过大，应与庭院的规模相协调。庭院中道路的宽度也要考虑庭院本身的大小来确定，既要满足交通需要也不能设置得过宽。植物应参照庭院景观空间的规模选型，可以适当利用墙面进行绿化布置。

（三）注意质地的变化

庭院景观空间通常具有尺度亲切、丰富细腻的视觉效果。不同的质地使人对景物有着不同的感受。在这里质地是指庭院中物体表面肌理的粗细程度。例如，细软的草坪、深绿色的青苔、均匀细腻的沙都会给人以丰富、亲切的心理感受。进行庭院景观空间设计时，要特别注意对不同质地肌理效果的处理，以便营造出亲切、富有质感的空间效果。

10.5
滨水景观空间

10.5.1　滨水景观空间的概念

滨水区域是一个特定的空间地段，如河口、湖岸和海岸等。水域孕育了城市和城市文化，是人类文明的发源地。滨水区域的发展对整个城市的经济和空间发展具有重要的意义。滨水区域在营造恬静、优美的景观环境的同时，被人们作为生活、活动的场所加以利用，是城市公共开放空间的重要组成部分和最具活力的区域之一，兼具自然景观和人工景观的特点。

滨水景观空间设计比较复杂，因为它不仅涉及陆地，而且涉及水域，以及水陆交接地带和各类湿地。滨水区域内整体景观的核心要素是原有的自然水域，滨水区域内的建筑及其他人工要素对水景形态产生重要影响。（图10-37和图10-38）

图10-37　滨水景观空间一　　　　　　　　图10-38　滨水景观空间二

10.5.2　滨水景观空间的设计要点

（一）公共开放性

滨水景观空间是城市公共开放空间的主要组成部分，应具有开敞性，为全体市民服务。滨水景观空间设计的中心问题是创造出连续的近水公共空间，保证滨水地带步行空间的顺畅。滨水景观空间应具有尽可能多的各种功能区域，成为人们享受大自然恩赐的最佳区域。

（二）亲水性

滨水景观空间设计应该更多地考虑亲水性。随着科技的发展，人们已经可以掌握水的四季涨落情况，因而在设计滨水景观空间时应考虑亲水性，将亲水变成现实。使人们与水进行直接的接触和交流，成为滨水景观空间设计需要重点考虑的问题。

10.6
道路景观空间

道路建设是城市建设的重要组成部分。作为城市空间的骨架，道路将城市划分为若干地块。道路景观空间最集中地反映了城市的景观规划水平，是指在道路用地范围内的以道路路面为主体，在路两边的沿线用自然元素构成的具有使用、生态和观赏功能的线性空间。道路景观空间将城市广场、城市公园、街头绿地等空间节点串联起来，形成城市开敞空间和绿地网络。道路景观空间设计需要从城市的自然、人工、人文环境条件出发。道路景观空间有良好的艺术观赏性，有利于塑造城市形象与特色。（图10-39和图10-40）

图10-39　道路景观空间一　　　　　　　　　　图10-40　道路景观空间二

10.6.1　道路景观空间的分类

道路景观空间按照交通性质、交通量和行车速度等因素可分为不同的类型。公路包括高速公路、国道、省道和专线公路等。大城市、特大城市有主干道、次干道、工业道路、商业街道、居住区道路、街坊内的道路、过境道路等。中小城市有快速路、主干道、次干道、支路等。不同的道路，景观空间的形式和设计内容不相同。为了较为明确地分析不同类型的道路景观空间，可按道路的交通性质、功能作用以及服务对象将道路景观空间分为车行道路景观空间、人车混行道路景观空间和人行道路景观空间。

10.6.2　道路景观空间的设计要点

　　道路景观空间具有交通、生态、形象三个方面的功能。交通功能是道路景观空间最基本、最主要的功能。道路两侧及其周边地带的环境绿化是降低车辆噪声、减轻废气污染、保障道路区域环境健康的基础。在满足交通、生态要求的前提下，结合道路节点、廊道、基质，合理配置乔灌木，可创造出良好的道路景观空间形象。每一种道路景观空间具有自身的特点，设计时要区别对待。

（一）人车混行道路景观空间设计

　　人车混行道路是指既满足人行需求又满足车行需求的道路。按照道路性质和人车通行量的比重，人车混行道路又分为以交通性为主的道路和以生活性为主的道路两种。城市中的各级干道主要担负车行交通运输功能，并兼有人行的作用，属于以交通性为主的道路；而各类街道强调步行优先的原则，属于以生活性为主的道路。

1. 以交通性为主的道路

　　城市中的主干道是城市中的主要交通枢纽，属于以交通性为主的道路，担负着城市各个功能区之间的人流、物流的运输，车道宽，车速快，人流少，绿化面积相对较大，绿化要求高，路面多采用三个板块的形式。以交通性为主的道路景观空间设计首先要满足行车安全性和空间可识别性的要求，另外要兼顾行人的使用要求。由于在以交通性为主的道路上车速较快，所以沿途的景观必须大尺度、大色调、流线型化，做到简洁、舒展，不应对行驶车辆和行人造成流线上或视线上的障碍。

2. 以生活性为主的道路

　　以生活性为主的道路以满足城市居民生活需求为主，场所感较强。在保证交通安全的前提下，以生活性为主的道路可以给人们提供公共活动场所，增加城市开敞空间的活力。以生活性为主的道路两侧建筑的形式需要考虑人、车的双重尺度。以生活性为主的道路上车种复杂、车行速度较慢，人流量大。按所处的城市区域，以生活性为主的道路又可分为居住区街道、商业区街道和行政区街道。以生活性为主的道路的绿化可采用草坪、绿篱、花坛、行道树等的组合，塑造出丰富的观赏效果。

（二）人行道路景观空间设计

　　人行道路简称步道，是指城市中完全用于人们步行的街道，是能给人们提供休闲、娱乐、购物等多种功能的开敞空间。人行道路景观空间应具有安全性、开放性、舒适性、地域性等特点。优质的人行道路景观空间可以树立城市的形象，营造亲切、和谐的环境氛围，成为对外展示的窗口和人与人交流的平台。人行道路景观空间还应体现文化特色，强化城市的文化内涵，渲染城市的人文色彩。

思考与练习

　　1. 城市公园的特点是什么？

　　2. 城市公园和城市广场最大的区别是什么？

　　3. 城市广场的种类有哪些？有何特点？试举例说明。

　　4. 滨水景观空间的设计要点是什么？

第 11 章

景观空间的
设计手法

★**教学引导**

一、教学基本内容

本章介绍了景观空间的各种设计手法和特点，对于学生进行景观空间设计起到打基础的作用。

二、教学目标

通过对本章的学习，学生应掌握景观空间常用的设计手法，为以后进行深入的理论学习打好基础。

三、教学重难点

景观空间的设计手法是本章的教学重难点。

11.1
形状

任何空间都有一定的形状。景观空间有的具有规则的几何形状，有的具有不规则的几何形状。规则的景观空间给人一种理性、稳定和庄重的感觉。不规则的景观空间，如果不规则的程度比较低，在视觉上给人的感觉比较轻微；如果不规则的程度很高，就会让人感到刺激、兴奋、动荡、不安。（图11-1 和图11-2）

图11-1　景观空间形状处理一　　　　　　图11-2　景观空间形状处理二

11.2
尺度

尺度设计影响整个景观空间设计的质量。尺度是指某一形式长、宽、高的实际量度。过大的尺度会让整个景观空间缺乏人情味和吸引力，让人产生一种孤独感，给人带来来自景观空间的压力，从而影响整个景观空间设计。但是尺度也不能太小，太小的尺度容易造成景观空间太过细碎、零乱且缺乏整体感。景观空间设计要着重考虑尺度。只有和谐的尺度才能打造出让人感觉舒适的景观空间。（图11-3~ 图11-6）

景观空间尺度设计中主要考虑的尺度关系包括以下几个。

（1）人与实体、景观空间之间的尺度关系。

（2）实体与实体之间的尺度关系。

（3）景观空间与实体之间的尺度关系。

图11-3 景观空间尺度处理一

图11-4 景观空间尺度处理二

图11-5 景观空间尺度处理三

图11-6 景观空间尺度处理四

11.3
质地

　　不同的质地给人的感觉是很不同的，质地需要根据特定景观空间的特点来确定。质地从视觉和触觉两个方面使人产生某种感觉。例如，光滑、洁净的质地给人以简洁、单纯、干净、宁静的感觉，粗糙的质地给人以憨厚、朴实的感觉；软的质地给人以温暖、体贴的感觉，硬的质地能让人产生紧张、远离的感觉。另外，界面的质地可对人的行为进行一定的引导，起到提示空间、地域划分等作用。因此，在质地处理上，要求根据景观空间内容的不同、质感需求方向的不同，选择适合人们的质地。（图 11-7~ 图 11-10）

图11-7 景观空间质地
处理一

图11-8 景观空间质地处理二

图11-9　景观空间质地处理三　　　　　图11-10　景观空间质地处理四

景观空间的质地主要从以下两个方面考虑。

（1）景观空间的界面和其他元素如墙和铺地等表面的质地。

（2）整个景观空间序列的质地。

11.4
色彩

色彩是设计要素中最敏感、最富有表情的要素。色彩可以在形体上附加大量的信息，来表现景观空间的性格、气氛，创造良好的空间效果。所以，设计者应根据景观空间的功能和特征及周边的建筑色彩来确定景观空间的色彩。

色彩在景观空间设计中的作用主要体现在以下几个方面。

（1）表现气氛。

（2）装饰美化。

（3）区分识别。

（4）重点强调。

（5）表达情感。

11.5
底面

景观空间的底面主要是指地面，也可指水面。人们在底面上停留、流动或进行各种活动。对于景观空间这一种没有屋顶的室外空间来说，底面特别重要。（图 11-11 和图 11-12）

底面能给人以非常强烈的感觉，这是由人的视觉规律所决定的。底面不仅为人们提供活动的场所，而且对景观空间起到很多作用。底面对景观空间所起的作用主要体现在以下几个方面。

图11-11　景观空间底面处理一　　　　　　　图11-12　景观空间底面处理二

（1）有助于限定景观空间。

（2）标识景观空间，增强景观空间的识别性。

（3）通过底面处理，可改变尺度感或使景观空间与实体相互渗透。

（4）能表达某种意义，或引起人们的联想。

11.6
顶面和天际线

　　景观空间的顶面和天际线是作为边缘的空间形态展现出来的轮廓线。景观空间的顶面和天际线一般呈现为全景，是由许多实体，包括人工实体和自然实体构成的。要创造出良好的天际线，需要进行有控制的建设。现代城市中的许多轮廓线不能令人满意。有些建筑、景观空间设计得较好，但它们组合在一起时没有任何联系，只是生硬地凑合在一起，往往形成杂乱无序的天际线。所以，景观空间设计要考虑周围的环境，使景观空间与建筑群相融合，以便创造出良好的天际线。（图 11-13 和图 11-14）

图11-13　景观空间天际线处理一　　　　　　图11-14　景观空间天际线处理二

11.7
景观空间序列

　　室内空间中的各个空间，如门厅、过厅、走廊、房间等，要按照一定的序列组织起来。景观空间中的各个空间，同样是按照一定的序列组织起来的。景观空间序列在功能上应满足活动流程的要求，在空间效果上要能创造出良好的环境气氛。

　　景观空间设计常用以下两种轴线来建立和组织景观空间序列，以创造出景观空间的主导空间，体现出景观空间的特征和形象。

　　（1）同时是人们的活动路线的视觉轴线。

　　（2）并不是或不完全是人们的活动路线的视觉轴线。

思考与练习

　　1. 景观空间序列有哪几个阶段？

　　2. 举例说明景观空间的尺度对景观空间设计的影响。

第 *12* 章

形式美法则在
景观空间中的运用

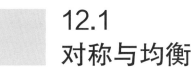

★**教学引导**

一、教学基本内容

本章系统地介绍了景观空间设计常用的形式美法则——对称与均衡、主从与重点、比例与尺度、节奏与韵律、统一与变化。本章中有详细的文字解释，并穿插实际案例图片，使难理解的知识点具象化、形象化。

二、教学目标

本章通过多媒体课件教学、小组研讨等方法，使学生在吸收理论知识的同时，形成感性认识，并延伸到设计方案中，完成实践项目任务的训练。理论课程的学习不是最终的目的，本章的教学目标是提升学生学以致用的能力，使学生在今后的学习中能分析出遇到的案例所运用的形式美法则，并将其运用到自己的设计中。

三、教学重难点

本章第一节介绍了对称与均衡，第二节对主从与重点进行了分析，第三节重点讲解了比例与尺度，第四节介绍了节奏与韵律的处理，第五节介绍了统一与变化。认识各种形式美法则并做到灵活运用是本章的教学重难点。

在景观空间设计中，经常会用到形式美法则。这些基本法则贯穿景观空间设计的全过程，是艺术原理在景观空间设计中的直接应用。事实上，艺术原理是许多美学家经长期对自然的、人为的美感现象加以分析、理解和归纳获得的共同结论，是创造形式美感的主要依据。当今社会许多传统的设计理论，如景观空间环境的形式美学法则，涉及实体与景观元素等许多因素。

形式美法则对景观空间设计有着十分重要的作用和意义。学习形式美法则，有助于理解和分析不同的景观空间使人产生各种情绪和感受的原因。景观空间是通过造型、色彩、光线和材质等要素形成的完美组织和有机整体，所以只有充分地把握人们共同的视觉条件和心理因素，才能衡量出景观空间的审美价值。由于审美标准含有浓厚的主观性，并不断地受到时代的挑战，一些出色的设计师往往会有意识地去突破设计的规律。

12.1
对称与均衡

12.1.1 对称

对称又称均匀，是指相同元素由中心点（或线）向外放射或向内集中。对称的布局有强烈的规律性和装饰性，使人感觉有秩序、庄重、安定、威严、平衡、稳定。中国传统景观空间设计经常运用对称这一形式美法则。例如，在大门口布置两个对称的石狮子等。对称的布局让人感觉稍显呆板或过于严肃。此外，在自然形态中有不少是以对称形式出现的，含有众多对称因素，体现出一种和谐的美感。（图12-1~图12-3）

对称有以下几种形式。

图12-1 对称一　　　　　　　　图12-2 对称二　　　　　　图12-3 对称三

(一) 左右对称

左右对称是指以中轴线为对称线的一种对称形式。它是最常见的一种对称形式。左右对称以中轴线为中心，中轴线左右两边的形态和位置必须完全相同。这种对称形式是安定且静态的。

(二) 上下对称

上下对称是指以水平线为对称线的对称形式。上下对称以水平线为中心，水平线上面和下面的形态和相对的位置必须完全相同。这种对称形式是安静且祥和的。

(三) 放射对称

放射对称是指以中心点为原点向外扩散的一种对称形式。放射对称以一点为中心，向四周以一定角度做放射的回转排列。这种对称形式在稳定中蕴含着动感。

(四) 反转对称

一个图形按照相同的角度旋转，当旋转到 180° 时，彼此之间产生相逆的变化，就构成了反转对称。也就是说，反转对称是从对称面出发的对称形式。

12.1.2　均衡

均衡是指围绕均衡中心周边构成元素的各种属性，如体量、色彩、形状等元素，虽不完全相同，但又能给人一种心理上的平衡。从视觉上来看，不同的造型、色彩和材质等将引起不同的轻重感，当这种轻重感能够保持一种安定的状态时，就会产生均衡的效果。在景观空间设计中，均衡一般包括平面均衡和立面均衡。（图 12-4 和图 12-5）

图12-4 均衡一　　　　　　　　　　图12-5 均衡二

（一）平面均衡

景观空间中的均衡很大程度上都依赖平面，但又不同于平面的均衡。在研究景观空间平面均衡的时候，首要考虑的是使人行进的轴线是均衡中心。

（二）立面均衡

立面均衡也称动态均衡，是指在运动中，在有着自由的形式的同时仍保持着平衡的关系，使人产生和谐、活泼的感觉。立面均衡在景观空间设计中被广泛运用。立面均衡是使景观空间稳定的有效途径。

12.2
主从与重点

主从与重点是使景观空间中各元素之间产生联系并形成整体的形式美法则。（图 12-6 和图 12-7）

图12-6　主从与重点一　　　　　　　　图12-7　主从与重点二

主从是指在建筑及其相关景观空间环境中主体部分与从属部分的协调和配合关系。表现在设计中，主从是指主题突出，主次协调。主要部分对次要部分具有决定性和包容性，次要部分对主体部分具有从属性和依附性。在景观空间设计中，主从感越强，越能给人深刻的视觉体验。对于景观空间设计，对每一个元素、每一个部分都必须处理好主从关系。

主从关系的规律主要表现在以下几个方面。

（一）在位置上体现主从

对于景观空间，在区位的划分上应能十分明显地体现出主从关系。具体到细部划分也是一样，主要空间、次要空间都要有相应的位置。主要空间无疑要放在最好的空间位置，次要空间应与主要空间相互衬托，形成统一的整体。

（二）在空间上分清主从

景观空间的中心区和入口处空间分别为景观空间序列的中心和开始，均应占主导地位；其他空间为从属空间，处于配合地位。

（三）在色彩上分清主从

色彩的主从关系建立在对比的基础上。当有两种或者两种以上的颜色时，大面积或者纯度高的色彩一般为主要色彩。景观空间设计在色彩的处理上应以某一种颜色为主色调，以其他颜色为从属色调。主色调占据主导地位；从属色调根据景观空间的特性而定，仅起烘托作用。在进行景观空间设计时，一定要注意主从关系的处理，要分清主次，使色彩恰如其分。

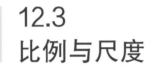

12.3
比例与尺度

比例与尺度是指物体的长、宽、高之间的关系。良好的比例关系是达到统一、和谐的基本条件，是景观空间产生美感的必要条件。（图12-8和图12-9）

图12-8　比例与尺度一　　　　　　　　　图12-9　比例与尺度二

12.3.1　比例

比例可以解释为物体的部分与部分之间、部分与整体、整体与整体之间的尺寸关系。例如，长短、大小、粗细、宽窄等，表达的是一种相对关系，通常不涉及具体的尺寸，只有安排适当、均匀合理，才能产生出美感。一般应用几何与数理逻辑可取得良好的比例关系，正确的比例和尺度是完美造型的基础，是形式美表现中首先应当考虑的问题。

在景观空间设计中，几乎所有问题都与比例有关。例如，景观空间与植物配置的比例关系，利用不同的比例关系创造景观空间错觉效果，将面积、体积、色彩不同的造型和要素进行对比。由此可见，不同的比例关系可以使整个景观空间的造型大为不同。有些客观存在的因素，如建筑结构、材料等，会制约形式的创造，导致在设计时不能遵循理想的比例关系。

12.3.2 尺度

尺度和比例是联系最为紧密的要素，都是用来表示物体的尺寸和形状的。尺度涉及真实的尺寸，但又不同于真实的尺寸。尺度是指建筑及其相关景观空间环境中整体或局部与人体之间在度量上的制约关系，景观空间的尺度对使用者有着深远的影响。尺度的选择涉及功能的使用，同时尺度关系应符合人的视觉心理。合理的尺度能够使人感觉符合情理，但是在景观空间设计中，有时为了突出重点，会用一些特殊的尺度关系表达出独特的视觉艺术效果。由此可见，尺度与建筑及其相关景观空间环境的关系是非常密切的。

景观空间的尺度按照景观空间给人们留下的印象可以分为三种，即自然的尺度、超人的尺度和亲切的尺度。在实际景观空间设计中，应该根据不同的功能和形态特征，正确处理景观空间中各要素之间的关系，以便形成合适的尺度。

（一）自然的尺度

自然的尺度是指景观空间形态的尺度与自身真实的尺寸相符。这是一种最为常见的尺度类型。可以采用以人体的大小度量建筑及其相关景观空间环境的实际大小的方法，来确定景观空间的尺寸。就人与建筑及其相关景观空间环境之间的关系而言，自然的尺度能度量出人们本身的正常存在，能在人们的日常生活和工作环境中找到。例如，在城市公园、滨水景观空间等中常用到自然的尺度。

（二）超人的尺度

超人的尺度是指有意将景观空间形态的尺度做得比实际尺寸看起来大。这是一种令景观空间看上去比实际大一些的尺度类型，使人感觉景观空间更加雄伟和壮丽。纪念性公园、城市广场等多采用超人的尺度，以使人产生肃穆、崇敬之情。

（三）亲切的尺度

亲切的尺度是指将景观空间的尺度做得感觉比它实际需要的尺寸小一些，以使人们获得亲切、舒适的感受。需要引起注意的是，不能一味地缩小各要素的真实尺寸，因为这样不但不会达到预期的设计效果，而且有可能适得其反。

12.4
节奏与韵律

12.4.1 节奏

节奏是表现手法的重复，重复是指相同的构成要素出现两次或者两次以上。二者都是比较有规律的表现手法，可以让人们产生稳定和整齐的感觉。无论是在视觉艺术、听觉艺术中，还是在语言艺术中，有规律的重复就是节奏，节奏的基础是排列。景观空间中的节奏是指较为规律的重复，即构成要素等距离的、有组织的重复。在景观空间设计中，景观空间设计诸要素的重复形成节奏，这些要素之间具有可以认知的关系。建筑及其相关景观空间环境中有规律的渐次性、渐变性与起伏性的形式美感效果，就是通过对节奏关系的协调获得的。

12.4.2　韵律

韵律是指有节奏的变化，即构成要素在等距离重复的基础上有组织地变化。简单地说，造型、色彩、材质以及光线等要素，在组织上合乎规律时所给予视觉和心理上的节奏感觉，都会产生出韵律美感。韵律的表现手法可以分为渐变、特异和交错三种。

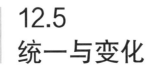

12.5
统一与变化

12.5.1　统一

统一是矛盾运动的结果，表现为对立面之间具有相互依存、相互渗透、相互贯通的关系。景观空间中各要素的统一，能使人产生单纯、和谐、有序的舒适感觉。在景观空间中，统一表现为景观空间整体和各个组成部分之间在形式上具有共同的特征，它们之间的关系体现出和谐性。

统一作为构成形式美的重要因素之一，被广泛地运用于景观空间设计中，并成为重要的评判标准之一。景观空间的统一通常包括形状的统一、色彩的统一、结构形态的统一和风格的统一等。

12.5.2　变化

景观空间中的变化是指通过造型语言上的差别与多样性所创造出的，能体现出设计构图的生动、活泼、新鲜、吸引力、动与力的美感形式。变化这一形式美法则被广泛运用于现代景观空间设计中。它能使主题更加鲜明，使氛围更加活跃。因此，在统一中求变化是设计者在设计中经常用到的表现手法。进行景观空间设计时，应追求和探索在表现形式上的统一中求变化，变化中求统一。

在强调景观空间设计整体、统一的同时，还应该意识到，统一并不排斥在设计中对变化与趣味的追求。变化可能会像颜色与质地、铺装与外形这类极易同化的要素间的差别那样微小，也可能会像新旧并陈那样明显。为追求视觉上的趣味性而做过多的变化，将会导致视觉上的混乱不堪。因此，在景观空间设计中是否能够把握变化的力与度，成为景观空间设计能否成功的关键。变化往往会成为景观空间设计中的趣味中心，从而使形式美具有旺盛的生命力。

思考与练习

1. 景观空间设计中常用的形式美法则有哪些？
2. 尺度有哪几种？如何运用尺度？试举例说明。

第 *13* 章

景观空间中的
行为心理

一、教学基本内容

本章介绍了关于环境行为心理学的相关知识，为加深学生对景观空间设计的了解提供了必要的理论基础。

二、教学目标

通过对本章的学习，学生应能自觉地运用环境行为心理学来进行景观空间设计。

三、教学重难点

(1) 交往中的距离模式。

(2) 环境行为规律。

13.1
个人空间和感觉尺度

环境行为心理学是一门边缘学科，涉及心理学、建筑学、社会学、人类学等多个领域，有着深厚的理论基础，同时又与人们的生活息息相关。环境行为心理学的研究内容应成为景观空间设计中的重要参考因素。

13.1.1　个人空间

人类学家爱德华·霍尔在他的《隐藏的维度》一书中，对个人空间有较深入的研究。他把人在交往中的距离模式概括为以下四类。（图 13-1~ 图 13-4）

1. 亲密距离

亲密距离为 0~0.45 m，是表示亲近、友好、暧昧的空间距离。在亲密距离下，能清楚地看到对方的面容，辨认对方面部的细微变化。亲密距离一般只适用于关系密切的人，如情侣。

2. 个人距离

个人距离为 >0.45~1.2 m，是表示友好、亲切的空间距离。在个人距离下，可以很好地看到对方的面部表情与细节。个人距离是好友之间交流的最佳距离。个人距离范围较宽，包括比较亲密的距离和比较正式的交谈距离，是人们在公开场合普遍使用的距离。

3. 社交距离

社交距离为 >1.2~3.6 m，一般是人们在一起工作、开会时保持的距离。爱德华·霍尔认为，这一距离对许多社交活动而言都是合适的。过远的社交距离使得双方必须提高音量，而且超过一定的距离，交流将会变得比较困难。

4. 公共距离

公共距离为 3.6 m 以上的距离，如讲演者和听众之间的距离，通常出现在比较正式的场合。

爱德华·霍尔的研究成果大大促进了人类对空间行为的研究，对景观空间设计具有重要的指导意义。但应意识到，不同人群个人空间存在差异性，不同文化背景的人个人空间也可能存有较大差异，甚至同一文化背景下的人因年龄、性别、社会地位、个性、生长环境的不同个人空间也有所不同。因此，对人际交流中的空间距离关系应进行灵活处理。

图13-1　人在交往中的距离模式一

图13-2　人在交往中的
距离模式二

图13-3　人在交往中的距离模式三

图13-4　人在交往中的距离模式四

13.1.2　感觉尺度

从爱德华·霍尔的研究中还可以看到，个人空间与人的感觉（视觉、听觉、嗅觉、触觉等）能达到的范围即感觉尺度有密切的关系。

1. 视觉尺度

人在观察、感知环境的过程中，有80%以上的信息是通过视觉得到的。因此，在进行景观空间设计时，人的视觉尺度是首要考虑的因素。

不同的空间距离可形成不同的空间感受。距离为20~25 m时，可以看清人的表情，人们通常对这样的尺度感觉比较亲切。距离为70~99 m时，可以比较有把握地确认一个人的性别、大概年龄以及行为动作。距离为100 m时，仅能分辨出具体的个人形象，这个距离也影响了各种体育馆中观众席的布置。例如，从最远座席到球场中心的距离通常为70 m，否则远端观众将无法看清比赛。100 m左右可称为社会性视域，凯文·林奇在《场地规划》中指出，在良好的城市空间中采用超过110 m的视觉尺度是罕见的。通过实际测量，绝大多数欧洲中世纪广场的长、宽都控制在这个数值以内，这样的视觉尺度有助于形成良好的场所感。距离大于400 m时，只能看见大概轮廓，看不清楚景物，当景观空间需要体现辽阔深远时可以采用这个距离。刘滨谊在《现代景观规划设计》中认为，390 m的视觉尺度是创造深远、宏伟感觉的界限。

2. 听觉尺度

听觉是视觉的重要辅助，通过听觉所获得的外部信息量仅次于视觉。根据爱德华·

霍尔的研究，小于或等于 3 m 是双方对话最方便的距离；大于 3 m 且小于或等于 6 m 是耳听最有效的距离；大于 6 m 且小于或等于 30 m，单方向声音可以听到，双向对话困难；大于 30 m 是人的听觉急剧失效的距离。

3. 嗅觉尺度

随着现代社会的发展，城市空间中充斥的气味越来越复杂。这些气味混合在空气之中，成为环境感知的一个不能忽视的组成部分。与气味相关的就是人的嗅觉。人的嗅觉能感受到的尺度有限，只有在 1 m 以内，人才能闻到较弱的气味；超过 3 m，人只能闻到较浓烈的气味。

13.2
私密性和领域性

13.2.1　私密性

私密性是人们的一项基本的需要，主要包括四种类型。
(1) 独处：一个人独自待在某个地方，这是最常见的私密类型。
(2) 亲密：两人或两人以上的小团体的私密性，是团体之间获得亲密关系的需要。
(3) 匿名：在公共场合不被人认出或监视的需要。
(4) 保留：保留自己的信息的需要。

人对私密性的需求是有层次的。在公共空间中，人既需要私密性，也需要与人交往。对于每个人来说，既要有能够保证私密性的小空间，又要有与别人接触交流的机会。在景观空间中，可以通过植物、廊架、矮墙、列柱、高差变化甚至铺地变化等来限定空间，创造出具有不同私密程度的空间供使用者选择。

13.2.2　领域性

在个人化的空间环境中，人有占有和控制一定的空间的需要，当空间被侵犯时，空间的拥有者会做出相应的防卫反应。心理学家认为，领域不仅提供相对的安全感和便于沟通的信息，还表明了占有者的身份和对所占领域的权力。景观空间设计应尊重人的领域需求，以使人获得稳定感和安全感。仔细观察可以发现，人与人之间建立领域的现象是很普遍的。例如，铺在草坪上的一块家庭野餐用的垫子，私人庭院里常见的绿色屏障等都不同程度上表现出人占有或控制领域的行为。

13.3
环境行为规律

在长期的生产和生活过程中，由于人与环境的相互作用，人逐步形成了许多适应环境的行为习惯。这些行为习惯与人的性别、年龄、生理、心理特点有关，也受社会、文化、民族等因素的影响。在景观空间设计中考虑到这些行为习惯有助于更有效、合理地组织景观空间，创造出以人为本的景观空间。

13.3.1　看与被看

在城市公共空间中，人们喜欢选择面向活动发生方向的座椅，这样可以比较容易地观察到他人的活动。同时，人也具有表现欲望，在公共空间中进行各项活动以吸引他人的注意，从而获得一种自我实现的愉悦。看与被看是人在空间活动中基本的行为方式，看可以促进空间中更多交流活动的产生。（图 13-5 和图 13-6）

图13-5　景观空间中的看与被看一

图13-6　景观空间中的
看与被看二

13.3.2　依靠性

人们在使用外部空间时并不均匀散布在外部空间之中。经观察发现，人总是偏爱逗留在柱子、树木、旗杆、墙壁、门廊、雕塑、花坛等的周围和附近，偏爱有所凭靠地从一个小空间去观察更大的空间。这样的小空间具有一定的私密性，而且在其中人们可观察到大空间中更丰富的公共性的活动。因此，城市公园中设于隐蔽处的座椅远比设于路边毫无依靠的座椅受欢迎。在没有座椅的情况下，柱子就可能成为依靠物。

13.3.3　边界效应

人们在外部空间逗留时，总喜欢停留在区域或场所的边界，尤其是开敞空间的边缘，这种现象被心理学家称为边界效应。边界效应实际是依靠性的延伸，揭示了人对依靠感的需要。

在城市广场中，边界由各种竖向界面组成，如廊架、景墙、台阶、商业界面、花坛边缘等，是人们最喜爱停留的地方。在较大的公共空间中，人愿意在半公共、半私密的空间中逗留，这样他既可以对公共生活形成积极的参与感，观看人群的各色活动，又处于一个具有一定私密性的、被保护的空间之中，具有安全感。景观空间设计应积极创造多样化的边界，为人们提供逗留、休息、交谈的场所，形成更多有益的交流空间。（图13-7和图13-8）

图13-7　景观空间中的边界效应一　　　　　　图13-8　景观空间中的边界效应二

13.3.4　抄近路

当目标明确或有目的地移动时，只要不存在障碍，人总是倾向于选择最短路径行进，即大致呈直线向目标前进。只有在伴有其他目的，如散步、闲逛、观景时，人才会信步。在景观空间设计中，应对场地进行细致的人流分析，分清哪些道路以通过性为主，哪些道路以游览性为主，尽量将以通过性为主的道路设计得便捷，符合人的行为习惯，同时避免以游览性为主的道路过于曲折，避免使用者为了追求便捷而穿越草坪的现象。

13.3.5　围观

围观是广泛存在的一种行为习性，在城市的闹市区较为多见。围观的人往往都抱着看热闹和好奇的心理。这种看热闹现象既反映出人们对于相互进行信息交流和公共交往的需要，也反映出人们对于新奇、刺激的偏爱。

在外部空间中，围观之所以特别吸引人，还在于这种行为具有退出和加入的充分自由，多半不带有强制性。不同种类的围观可呈现从无组织到有组织的梯度。对于无组织的、随意和自由的围观，对象常出人意料，一切反常的事物、动作和活动都可能使人自发扎堆。大多数外部空间中发生的以表演、推销为主的围观行为具有不同程度的组织性，至少表演者在有目的地引人围观。组织性更高的围观多见于有组织的宣传和演出活动。不少围观会增加交通拥挤，前推后拥还可能引发各种意外。因此，在外部空间设计中，应合理和妥善地满足这一行为需求。（图 13-9 和图 13-10）

图13-9　景观空间中的围观一

图13-10　景观空间中的围观二

13.3.6　识途性

识途性是指人识别环境路线的能力。识途性要求在景观空间设计中加强对环境标识的设计，以增强景观空间的可识别性和差异性。这也有助于形成个性化的空间效果。

13.3.7　靠右／左侧通行

当人们对某一区域不大熟悉时，总会选择沿边界，依靠符号或其他标志前进。在城市交通中，道路上的车辆和人流都是靠一侧通行。不同国家和地区对此有不同的规定。在中国大陆，靠右侧通行沿用已久，而在日本和中国香港是靠左侧通行。明确这一习性并尽量减少车流和人流的交叉，对于外部空间的安全疏散设计具有重要的意义。

13.3.8　逆时针转向

研究人在城市公园中的流线运动轨迹会发现，大多数人的转弯方向具有一定的倾向性。有学者研究过游园时游客的转弯方向，证实了人具有沿逆时针方向转弯的倾向。这一行为特点对景观空间设计中的人流动线分析具有重要的影响。

思考与练习

1. 在城市公园中如何创造相对私密性的空间？请绘图并配文字说明。

2. 调研当地一处广场的空间设计，利用所学的环境行为心理学进行分析（文字或图片均可）。

3. 测量校园中的一处小空间（如自行车棚、休息凉亭等）的尺寸，并做好记录和分析。

第 *14* 章

景观空间
整体氛围营造

★**教学引导**

一、教学基本内容

本章介绍了五种景观空间的整体氛围营造，并穿插实际案例图片，使抽象、难理解的知识点具象化、形象化。

二、教学目标

本章通过多媒体课件教学、小组研讨等方法，使学生在吸收理论知识的同时，形成感性认识，并延伸到设计方案中，完成实践项目任务的训练。理论课程的学习不是最终的目的，本章的教学目标是提升学生学以致用的能力。

三、教学重难点

本章介绍了五种景观空间整体氛围营造要点，教学的重难点是将景观空间的整体氛围营造方法运用到实际案例中去。

14.1
城市广场

城市中为满足市民生活需要而修建的广场，是由建筑、道路和植物等组成的相对集中的公共开放空间。城市广场都有一定的主题思想，是城市公众社会生活的中心，也是主要的城市公共开放空间。

城市广场的整体氛围营造注意以下几个方面。（图 14-1 和图 14-2）

（1）设计时要考虑城市广场所处的地域，全面考虑和反映出城市本土的历史人文背景。

（2）不同的城市广场所体现出来的内涵是不一样的，所以设计时要考虑到城市广场的性质和内容。

（3）城市广场不是孤立存在的，它必定与周围的环境有对话，所以设计时要考虑周边具有鲜明特征的建筑。

（4）城市广场的性质不同，空间的形态也就不同，应设计出符合特定场所需求的合理变化的空间形态。

（5）城市广场要有自己的层次和比较鲜明的方位感，以便人们识别和引导人们。

图14-1 城市广场处理一

图14-2 城市广场处理二

城市广场的整体氛围营造方法如下。（图 14-3~ 图 14-5）

（1）任何设计都是从运用点、线、面等构成要素开始考虑，城市广场同样采取这种设计方式进行空间限定和设置。

（2）在城市广场的空间设计中可利用建筑、墙体及植物等构件进行四周围合限定，运用构件形成封闭空间与开敞空间，形成强与弱的空间层次感。

（3）不同于室内空间的顶面，城市广场的顶面大部分暴露在空间中，所以可运用玻璃穹顶、布幔、钢架结构等构件遮住城市广场顶面的空间，形成较弱或较虚的限定围合空间。

图14-3　城市广场处理三

图14-4　城市广场处理四

图14-5　城市广场处理五

14.2
城市公园

　　城市公园是城市中最重要、最具代表性的绿地，是随着城市生活的空间需求而产生、发展、成熟起来的。它满足人们对自然环境的渴望、人与人交往的需求。

　　城市公园整体氛围要考虑以下几个方面。（图14-6~ 图14-8）

　　（1）要考虑到城市公园的性质、功能，根据城市公园的特征确定城市公园的内容、设施和形式。

　　（2）城市公园要有自己独特的序列空间，根据不同功能的区域和不同景点、景区的特点组织出流畅的序列空间。

　　（3）城市公园要根据与其他周围环境的关系确定定位，突出本身的特征。

图14-6　城市公园处理一　　　　　图14-7　城市公园处理二

图14-8　城市公园处理三

14.3
居住区景观空间和庭院景观空间

14.3.1　居住区景观空间

　　住宅区景观空间设计是在以居住环境为主的区域里的景观空间设计，所以要考虑居住环境中人们的行为需求，分析居住区所处的地理位置、整体规划布局和建筑风格，并考虑人的心理需求。

住宅区景观空间设计内容主要是公共绿地，所以设计时要考虑公共绿地所处的位置、性质、功能，营造出具有不同特征的绿地空间形态。（图 14-9 和图 14-10）

住宅区景观空间设计原则主要有以下几项。

（1）人性化原则。

（2）生态性原则。

（3）地域性原则。

（4）经济型原则。

（5）艺术性原则。

图14-9　住宅区景观空间设计一　　　　　图14-10　住宅区景观空间设计二

14.3.2　庭院景观空间

庭院景观空间是介于户外和建筑内部空间之间的共享空间，尺度较小，相对比较封闭，只供少数人使用。

庭院景观空间整体氛围营造要考虑以下几点。（图 14-11 和图 14-12）

1. 周围建筑的特点

周围建筑的特点，如造型特点、围合特点、光照特点、通风特点和色彩特点等对庭院景观空间设计有着直接的影响。

图14-11　庭院景观空间处理一　　　　　图14-12　庭院景观空间处理二

2. 比例与尺度

庭院景观空间尺度较小，所以要考虑它与周围环境的比例关系，以及其中各种设施的比例关系。

3. 质地

根据庭院景观空间使用人群的特点、需求和喜好，在质地的选择上要贴近使用人群使用的心理感觉，利用不同的质地营造出亲切、富有质感的景观空间效果。

4. 层次

虽然庭院景观空间所占面积较小，但该有的设计元素都包含在其中，所以在体量、色彩、造型等方面的考虑要更加细致，切忌造成杂乱无序的感觉，要注重空间和谐、统一的层次感。

14.4
滨水景观空间

滨水景观空间临近城市与江、河、湖、海接壤的水体区域而建，兼具自然景观和人工景观的特点，为人们提供观赏、休息、游憩、文化交流的场所。

滨水景观空间整体氛围营造方法如下。（图14-13和图14-14）

（1）形成丰富岸线。

（2）融合周围环境，整体协调设计。

滨水景观空间是沿水域展开的，连续、不间断的整体，应考虑这一区域周围建筑和其他环境进行统一规划及功能设定和空间布置，使人工元素和原有环境协调一致。

（3）考虑生态性。

进行滨水景观空间设计时，应综合考虑滨水景观空间的水质、周围环境生物的多样性、环保材料的使用情况及驳岸的生态性。

（4）以人为本进行设计。

滨水景观空间设计应考虑人们的心理需求，设置相应的功能空间。

（5）文脉延续性。

滨水景观空间设计应分析所在地的各种文化景观资源和地域文化特征，以增强城市文化和地域特征的传承。

图14-13　滨水景观空间处理一

图14-14 滨水景观空间处理二

14.5
道路景观空间

道路景观空间是指道路用地中的以道路路面为主体，由各类交通设施、市政设施以及沿线的自然元素构成的具有使用、生态和观赏功能的线性空间。

（一）人车混行道路景观空间

1. 以交通性为主的道路景观空间

此类道路车速较快，行人相对较少，常采用隔离设施或隔离绿化带对通行路面进行隔离。考虑到行人和开车人群的欣赏特点，以及设计规划的要求，以交通性为主的道路景观空间主要围绕大尺度、大色调、流线型等来设计。

2. 以生活性为主的道路景观空间

以生活性为主的道路主要是为市民提供公共活动场所，场所感较强。因此，以生活性为主的道路景观空间设计需要考虑人、车的双重尺度。由于人们处在其中的时间较长、较慢，所以以生活性为主的道路景观空间中要设置交通设施和休闲设施，而且这些设施的造型、色彩等在不影响交通视线的前提下应丰富多彩。（图 14-15）

图14-15 以生活性为主的道路景观空间处理

（二）人行道路景观空间

人行道路景观空间为人们提供休闲、娱乐、交往的人性化开放空间，形成了城市的空间特色，成为城市对外展示的窗口和人与人交流的平台。

人行道路景观空间整体氛围营造要注意以下几点。

（1）人行道路景观空间开敞感要强，并具有良好的视线穿透感。

（2）人行道路景观空间的尺度要与人体的尺度相匹配。

（3）应考虑与周围环境的关系。

（4）应具有符合人性化需求的休闲娱乐设施。

思考与练习

1. 在滨水景观空间设计中，驳岸的设计要点是什么？

2. 儿童公园设计的要点是什么？

REFERENCES

参考文献

[1] 辛艺峰.室内环境设计理论与入门方法[M].北京：机械工业出版社，2011.

[2] 张岩鑫.室内设计基础[M].2 版.武汉：武汉理工大学出版社，2016.

[3] 张焘.室内设计原理[M].2 版.长沙：湖南大学出版社，2010.

[4] 李强.室内设计基础[M].北京：化学工业出版社，2011.

[5] 吕永中，俞培晃.室内设计原理与实践[M].北京：高等教育出版社，2008.

[6] 梁旻，胡筱蕾.室内设计原理（升级版）[M].上海：上海人民美术出版社，2016.

[7] 毕秀梅.室内设计原理[M].北京：中国水利水电出版社，2009.

[8] 程宏，樊灵燕，刘琪.室内设计原理[M].2 版.北京：中国电力出版社，2016.

[9] 姜喜龙，郑林风，何英.室内空间设计原理[M].北京：中国水利水电出版社，知识产权出版社，2009.

[10] 周长亮，冼宁.室内环境设计[M].北京：科学出版社，2010.

[11] 黄春滨.室内环境艺术设计 [M].北京：中国电力出版社，2007.

[12] 徐坚，丁宏青.景观规划设计[M].北京：中国建筑工业出版社，2014.

[13] 荆福全，陶琳.景观设计[M].青岛：中国海洋大学出版社，2014.

[14] 公伟，武慧兰.景观设计基础与原理[M].2 版.北京：中国水利水电出版社，2016.

[15] 郝赤彪.景观设计原理 [M].2 版.北京：中国电力出版社，2016.

[16] 孙青丽，李抒音.景观设计概论[M].天津：南开大学出版社，2016.

[17] 曹瑞忻，汤重熹.景观设计[M].2 版.北京：高等教育出版社，2008.

[18] 曹福存，赵彬彬.景观设计[M].北京：中国轻工业出版社，2014.

[19] 孙鸣春，周维娜.城市景观设计：图形解析城市景观设计轨迹[M].西安：西安交通大学出版社，2007.

[20] 李楠，刘敬东.景观公共艺术设计[M].北京：化学工业出版社，2015.

[21] 苏云虎.室外环境设计[M].重庆：重庆大学出版社，2010.

[22] 刘裕荣.城市居住小区景观设计[M].北京：化学工业出版社，2011.

[23] 苏晓毅.居住区景观设计[M].北京：中国建筑工业出版社，2010.

[24] 胡先祥.景观规划设计[M].2 版.北京：机械工业出版社，2018.

[25] 魏兴琥.景观规划设计[M].北京：中国轻工业出版社，2010.